"十四五"职业教育国家规划教材

"十三五"高等院校
数字艺术精品课程规划教材

After Effects
移动UI交互动效设计与制作

全彩慕课版

陈力 李平 主编

U0277767

人民邮电出版社

北 京

图书在版编目（CIP）数据

After Effects移动UI交互动效设计与制作：全彩慕课版 / 陈力，李平主编. -- 北京：人民邮电出版社，2021.3（2024.12重印）
"十三五"高等院校数字艺术精品课程规划教材
ISBN 978-7-115-54556-5

Ⅰ. ①A… Ⅱ. ①陈… ②李… Ⅲ. ①图像处理软件—高等学校—教材 Ⅳ. ①TP391.413

中国版本图书馆CIP数据核字(2020)第137231号

内 容 提 要

本书全面地介绍了 UI 动效设计，通过由浅入深的讲解方法，结合典型案例的制作，使读者更容易理解相应的知识点，并能够在此基础上掌握 UI 动效的制作方法。全书共分为 7 章，分别是 UI 动效设计基础、After Effects 基础操作、基础关键帧动效制作、蒙版动效制作与输出、UI 元素动效、界面转场与菜单动效和综合案例。

本书配套资源中不但提供了本书所有实例的源文件和素材，还提供了所有实例的多媒体教学视频，以帮助读者迅速掌握使用 After Effects 进行 UI 动效制作的精髓，可以让新手零基础起步，进而跨入 UI 动效设计高手行列。

本书案例丰富，讲解细致，注重激发读者兴趣和培养动手能力，适合作为 UI 设计人员的参考手册。

◆ 主　编 陈 力 李 平
　　责任编辑 刘 佳
　　责任印制 王 郁 焦志炜
◆ 人民邮电出版社出版发行　　北京市丰台区成寿寺路 11 号
　　邮编 100164　　电子邮件 315@ptpress.com.cn
　　网址 https://www.ptpress.com.cn
　　天津善印科技有限公司印刷
◆ 开本：787×1092　1/16
　　印张：12.75　　　　　　　　2021 年 3 月第 1 版
　　字数：467 千字　　　　　2024 年 12 月天津第 11 次印刷

定价：79.80 元

读者服务热线：(010)81055256　印装质量热线：(010)81055316
反盗版热线：(010)81055315
广告经营许可证：京东市监广登字 20170147 号

FOREWORD ———————————————————— 前言

本书全面贯彻党的二十大精神，以社会主义核心价值观为引领，推动理想信念教育常态化制度化，加强和改进未成年人思想道德建设，统筹推动文明培育、文明实践、文明创建，在全社会弘扬奋斗精神、奉献精神、创造精神、勤俭节约精神，培育时代新风新貌。

在如今琳琅满目的 App 中，我们设计如何脱颖而出？设计师要考虑的，不仅仅是产品如何更合理地展现结构与功能，更重要的是自己的 App 是否能在做到简便易懂的同时又给用户新颖感。在有限的屏幕空间内，仅靠文字的提示是不够的，App 需要更多的新鲜血液——动效。动效可以拓展内容空间、简化引导流程、降低学习成本，更重要的是给用户带来意想不到的惊喜。

本书内容

本书内容浅显易懂、简明扼要，从 UI 动效设计的基础知识开始，由浅入深地详细介绍了动效设计的相关知识，以及如何使用 After Effects 软件来制作 UI 中各种常见的动画效果，知识点与案例相结合，使得学习过程不再枯燥乏味。本书各章内容安排如下。

第 1 章 UI 动效设计基础：详细介绍了 UI 动效的相关基础知识，使读者认识 UI 动效，并了解设计制作 UI 动效的相关工具和方法。

第 2 章 After Effects 基础操作：主要介绍了交互动效设计软件 After Effects，先讲解了该软件的工作界面，然后讲解了软件的基本操作方法以及重要的功能面板的使用，使读者能够快速、熟练地掌握 After Effects 软件的基础操作。

第 3 章 基础关键帧动效制作：详细介绍了 After Effects 中图层的基础属性以及关键帧动效的制作方法和技巧，使读者能够掌握基础关键帧动效的制作。

第 4 章 蒙版动效制作与输出：详细介绍了 After Effects 中形状路径以及蒙版的详细制作方法和技巧，并且还介绍了在 After Effects 中完成动效的制作后，将动效输出为视频和 GIF 格式的动效图片的方法。

第 5 章 UI 元素动效：详细介绍了 UI 中各种元素交互动效的设计方法，并结合案例的制作练习，使读者能够快速掌握各种元素交互动效的制作方法。

第 6 章 界面转场与菜单动效：重点介绍了 UI 切换转场动效和导航菜单动效的设计制作，将知识点与案例相结合，使读者能够轻松理解并掌握常见的转场动效和导航菜单动效的制作方法。

第 7 章 综合案例：通过 UI 动效案例，详细介绍了 UI 交互动效的相关知识，使读者能够理解 UI 动效设计的要点，并掌握 UI 动效的制作方法。

本书特点

本书内容丰富，条理清晰，通过 7 章的内容，为读者全面介绍了 UI 动效设计的知识以及使用 After Effects CC 进行 UI 动效设计制作的方法和技巧，采用理论知识和案例相结合的方式，帮助读者将知识融会贯通。

● 语言通俗易懂，案例图文并茂，涉及 UI 动效设计制作的知识丰富，帮助读者深入了解动效设计。

● 实例涉及面广，几乎涵盖了大部分的动效类型，通过实际操作讲解帮助读者掌握动效设计制作的知识点。

● 注重动效制作知识点和技巧的归纳总结，在知识点和案例的讲解过程中穿插了软件操作技巧和知识点提示等，使读者能更好地归纳、吸收知识点。

● 全书配有相关视频教程、素材和所有章节的图片包，读者可登录人邮教育社区（www.ryjiaoyu.com）下载。

书中难免有疏漏之处，希望广大读者朋友批评、指正。

编　者
2023 年 4 月

After Effects

CONTENTS ——————————— 目录

—01— —02—

After Effects

—03—

第 3 章 基础关键帧动效制作

—04—

第 4 章 蒙版动效制作与输出

—05—

第 5 章 UI 元素动效

CONTENTS 目录

— 06 —

第 6 章　界面转场与菜单动效

— 07 —

第 7 章　综合案例

第 1 章
UI 动效设计基础

交互是一个很明显的动态过程，人与人之间的交互就很容易理解。你问我答，你来我往，本身就是交互。人与设备之间的交互也类似，当我们在移动设备界面中点击某个图标或者进行滑动操作时，界面给予人们恰当的反馈，这就是人与设备之间的交互。随着移动设备性能的提升，在人与移动设备界面进行交互的过程中加入动效，可为用户带来更出色的交互体验。本章将向读者介绍 UI 动效的基础知识，使读者认识 UI 动效，并了解设计制作 UI 动效的相关工具和方法。

本章知识点
- 了解什么是 UI 动效
- 理解动效在 UI 中的作用
- 理解 UI 动效设计的要点与作用
- 理解动效设计的方法
- 了解 UI 动效的类型都有哪些
- 了解设计制作动效的相关软件
- 认识并理解基础动效类型

1.1 了解 UI 动效

最近几年 UI 设计领域最大的变化就是越来越强调用户体验，而在 Web 和移动 App 中使用动效也就成为了一种趋势。但是，我们需要注意的是，动效应该是以提高产品的可用性为前提，并且以自然的方式为用户提供有效反馈的一种机制。

1.1.1 什么是 UI 动效

近些年，人们对产品的要求越来越高，不再仅仅喜欢那些功能好、实用、耐用的产品，而是同时也注重产品给人的心理感觉，这就要求我们在设计产品时能够提高产品的用户体验。提高用户体验的目的在于给用户一些舒适、与众不同或意料之外的感觉。用户体验的提高会使整个操作过程更符合产品使用基本逻辑，使交互操作过程顺理成章，使用户在这个流程中的操作更加便利。

UI 动效作为一种提高交互操作可用性的方法越来越受到重视，国内外很多企业都在自己的产品中加入了动效。

图 1-1 所示为一款音乐 App 的界面，用户可以在界面顶部通过左右滑动的方式来选择不同的推荐专辑，还可以在界面下方的专辑列表中向上滑动，从而浏览更多的专辑。当用户点击某个专辑名称时，该专辑唱片图片会逐渐放大并移至界面上方，与此同时界面中的其他信息将会逐渐淡出，切换到该专辑的播放界面中，显示相应的播放控件等。这些效果都是通过动效的形式呈现的，给用户带来了较强的视觉动感，也为用户在 App 应用中的操作增添了乐趣。

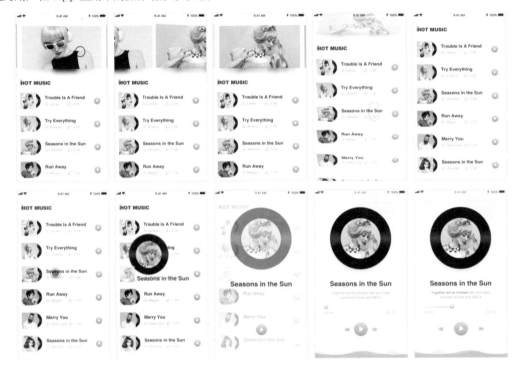

图 1-1　音乐 App 界面动效

图 1-2　产品元素的感知顺序

扫码看视频

为什么现在的产品越来越注重动效设计？我们可以先从人们对于产品元素的感知顺序来看。不难看出人们对于产品动态信息的感知力是最强的，其次才是产品的颜色，最后才是产品的形状，如图 1-2 所示，也就是说对动态效果的感知力要明显高于对产品界面的感知力。

动效能够明确地表示元素在界面中的位置与功能等属性的变化，恰当的动效能够使用户更容易理解 UI 界面的交互。在产品的交互操作过程中恰当地加入精心设计的动效，能够向用户有效地传达当前的操作状态，增强用户对于直接操纵的感知，通过视觉化的方式向用户呈现操作结果。

1.1.2　UI 动效的发展

在扁平化设计兴起之后，UI 动效的应用越来越多。扁平化设计的好处在于用户的注意力可以集中到界面的核心信息上，将界面中无效的元素去除，用户不会被它们干扰而分散注意力，用户体验更加纯粹自然。这个思路是对的，回归了产品设计的本质，就是为用户提供更好的使用体验，其次才是精美的界面。但是，过于扁平化的设计也会带来新的问题，即一些复杂的层级关系如何展现、用户如何被吸引和引导，这与用户在现实世界中的自然感受很不一致，所以 Google 推出了 Material Design（材料设计）语言。

提示：扁平化设计的核心是在设计中摒弃高光、阴影、纹理和渐变等装饰性效果，通过符号化或简化的图形元素来表现。在扁平化设计中去除了冗余的效果，其交互核心在于突出功能和交互的使用。

Material Design 语言的一部分作用是解决过于扁平化设计所带来的问题，即复杂层级关系如何展现、用户如何被吸引和引导。为了解决这些问题，Material Design 语言通过分层设计与动效设计相结合的方式，在扁平化的基础上为用户提供更容易理解的层级关系，为 UI 赋予情感，增强用户在产品使用过程中的参与度。

图 1-3 所示为基于 Material Design 语言所设计的一款移动端 App 的界面，在该界面中多处加入动效，从而使界面的操作更加流畅。在界面中通过悬浮按钮扩展操作，替代了单一的交互，当用户点击悬浮工具按钮时，相关的操作按钮将会以动画的形式出现在界面中。导航菜单采用了侧滑交互动画的形式，点击界面左上角的"菜单"图标，隐藏的导航菜单会从界面左侧滑入，同时，"菜单"图标会变形为"返回"图标，点击即可侧滑隐藏导航菜单。

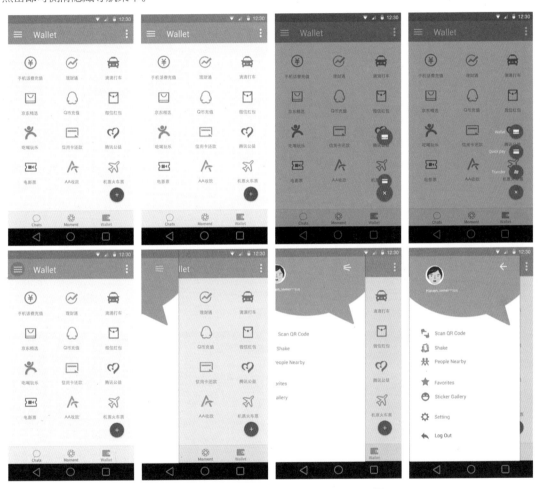

图 1-3　基于 Material Design 语言的移动端 App 界面

> **提示：**在 Material Design 语言中，将动效命名为"Animation"，意思是动画、活泼。动效设计可以理解为通过使用类似动画的形式，赋予 UI 生命和活力。

1.1.3　动效在 UI 中的作用

为什么需要在 UI 中加入动效呢？除了能够给用户带来出色的动态视觉效果外，UI 界面中的动效在用户体验中其实还发挥着很重要的作用。

1. 吸引用户注意力

人类天生就对运动的物体格外注意，因此 UI 界面中的动效自然是吸引用户注意力的一种很有效的形式。通过动效来提示用户操作比传统的"点击此处开始"这样的提示更直接，也更美观。

图 1-4 所示为一款运动 App 的动效，随着用户不断地运动，界面中的各项数值也在不断地变化，从而有效地提醒用户注意这些运动数据的变化。虽然这样的动效很细微，但还是能够有效引起用户的注意。

　　图 1-5 所示为 iOS 系统中搜索栏的动效，当用户轻触 Safari 的地址栏时，界面发生了 3 个变化：（1）地址栏变窄，右侧出现取消按钮；（2）界面中出现书签；（3）界面下方弹出键盘。这几个动画中，幅度最大的动作是弹出键盘，它把用户的注意力吸引到键盘上，有利于接下来要进行的操作。

图 1-4　运动 App 的动效　　　　　　　　图 1-5　iOS 系统中搜索栏的动效

2. 为用户提供操作反馈

　　在移动设备屏幕上点击虚拟元素，不像按下实体按钮一样能够感觉到明确的触觉反馈。此时，交互动效就成为一种很重要的反馈途径。有些动效反馈非常细微，但是组合起来却能传达很复杂的信息。

　　在 Android Material Design 语言中，界面元素会伴随着用户轻触呈现圆形波纹，从而给用户带来最贴近现实的反馈体验，如图 1-6 所示。在 iOS 系统的输入解锁密码界面中，当用户输入解锁密码出错时，数字键上方的小圆点会来回晃动，模仿摇头的动作来提示用户重新输入，如图 1-7 所示。

图 1-6　点击元素时呈现圆形波纹　　　　　图 1-7　密码错误时的动效反馈

3. 加强指向性

　　当用户在界面之间切换，例如查看照片、进入聊天状态等时，合理的动效能够帮助用户建立很好的方向感，就像设计合理的路标能够帮助人们认路一样。

　　图 1-8 所示为某电商 App 中的动效，当用户点击某个商品图像后，图像从列表中的位置逐渐放大，过渡到该商品的详细信息界面。相应地，点击商品详细信息界面左上角的"返回"图标，则该商品图片逐渐缩小，返回到商品列表的位置，指引用户找到浏览的位置。

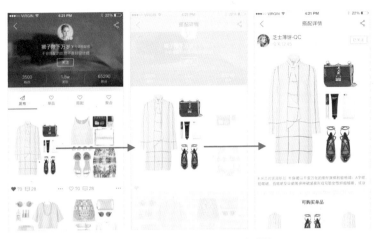

图 1-8　商品图片逐渐放大切换动效

> **提示：**这种保持内容上下文关系的缩放动态交互效果在 iOS 系统的很多界面中都能见到，例如主屏幕的文件夹、日历、相册和 App 切换界面等。

4．传递深度信息

动效除了可以表现元素在界面上的位置、大小的变化外，还可以用来表现元素之间的层级关系。借助陀螺仪和加速度传感器，让界面元素之间产生微小的距离，从而产生视差效果，这样可以将不同层级的元素区分开来。

> **提示：**通过以上对动效作用的分析，我们应该认识到，不能把加入动效作为让产品酷炫的手段，也不能把它当作产品的某种功能或者亮点。动效是为用户使用产品时的核心体验服务的，只有设计好产品的核心体验并合理使用动效，才能最大程度地发挥动效的优势。

1.2　UI 动效设计的要点与作用

如今，丰富细腻的动效遍布移动应用界面中，为用户提供了良好的动态沉浸式体验，动效设计在产品研发过程中也越来越被认可和重视。

扫码看视频

1.2.1　增强用户体验

设计师如果仅仅只是追求静态画面的完美呈现，而忽略了动态过程的合理表现，会导致用户不能在视觉上觉察到元素的状态变化，从而很难对新旧状态的更替有清晰的感知。

动效设计的重点在于"时间点"和"空间幅度"，通过对"时间点"和"空间幅度"的设计为用户建立运动的可信度，即视觉上的真实感，当用户意识到这个动效是合理的时，才能够更加明确如何使用该产品。图 1-9 所示为某影视 App 界面的交互动效。

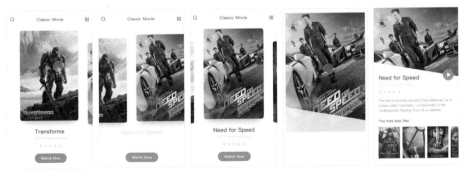

图 1-9　影视 App 界面的交互动效

1.2.2 提升产品气质

没有添加动效的产品会给人一种死气沉沉的感觉，所有内容平铺直叙、毫无生机，即使界面设计得非常美，也会缺乏一种灵动细腻的气质。

如果把产品比作人，那么界面就是人的外表，动效就是人的肢体语言。合理的动效能够将信息更立体、更富有关联性地传递出去，提高产品的"表达能力"，增强产品的亲和力和趣味性，也有利于品牌的建立。图 1-10 所示为某机票预订 App 界面的交互动效。

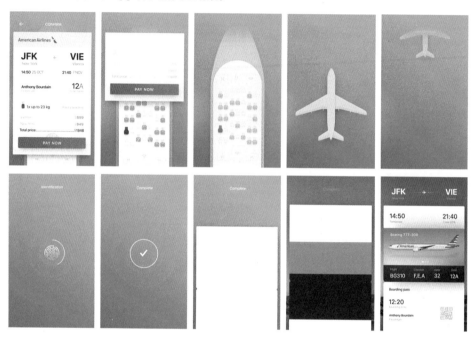

图 1-10 某机票预订 App 界面的交互动效

1.2.3 体现设计师优势

设计师通过制作高保真动效 Demo 展示设计思路和创意，可以大大提高设计提案交接率，降低设计师与开发人员的沟通成本，提高动效的还原度，体现专业性。图 1-11 所示为某餐饮美食类 App 界面的交互动效。

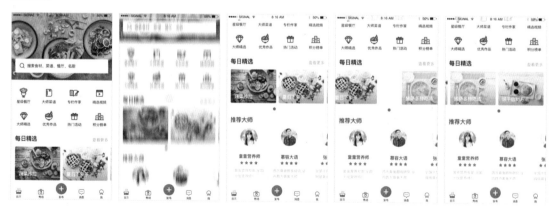

图 1-11 餐饮美食类 App 界面的交互动效

在 UI 设计行业已经趋于饱和，并且产品设计流程逐渐实现体系化和模块化的今天，设计师如果只会利用组件重复地"拼凑"界面而无法实现更大的价值，被替代的可能性将会增大。

在日常工作之余，如果想为公司和团队输出更多的价值，动效设计能力便是交互设计师的必备技能与核心竞争力之一。

1.3 如何设计动效

UI 首先需要具有视觉上的美感，在此基础上加入适当的动效，才能使用户感受到产品 UI 界面的情感互动，有效提升产品的用户体验。那么，如何才能为产品 UI 进行有效的动效设计呢？

1.3.1 首先需要有一个想法

要想设计出一个好的动效，首先必须拥有一个出色的想法，想法怎么来？怎么构思？可以从以下几个方面进行构思。

1. 结合产品去设计

在设计动效之前，需要结合产品进行思考，设计思路要以提升产品的用户体验为目的，要细致思考，不要盲目。

2. 了解动效的基本常识

在进行动效设计之前，需要了解动效的基本常识，这些常识包括运动基本常识（如基本的运动规律、节奏等）、动效开发的基本常识、不同的动效大概如何去实现、实现成本大概是多少。只有理解并掌握这些基本常识，才能够确保动效设计顺利进行。

3. 观察生活

人们对于美的认知大部分来自于日常的生活经历，比如什么样的运动是温柔的、激烈的、具有震撼性的。当我们对于需要构思的动效有性质定位的时候，可以从生活中这些相同的自然事物中寻找灵感，汲取精华。

4. 多看多思考

除了观察生活，我们还需要多看一些优秀的动效，在观看的过程中，需要思考它为什么要这么设计、是通过哪些技巧和方法完成这个动效设计的，以及动效的整体节奏等。时刻与自己对类似事物的想法进行对比，找差距、补不足，这就是经验技巧积累的过程。

5. 学会拆解

大多数的动效都是由基础变化组合而成的，我们要通过多看多观察，慢慢学会怎么去拆解别人复杂的动效，从中总结经验，然后通过合理的编排设计出自己的动效。

> **提示**：动效中的基础变化主要包含 4 种，即移动、旋转、缩放和属性变化。这些变化形式经过合理的编排，配合恰当的变化节奏，就是完整的动效。关于动效的基础变化，将在 1.6 节中进行详细介绍。

许多动效都是由元素的基础变化所形成的，图 1-12 所示的界面中的图片滑动切换动效主要就是通过对元素的"旋转""缩放"和"位置"属性进行设置而形成的，通过多种基础变化的组合就能够表现比较复杂的动画效果。

图 1-12　图片滑动切换动效

6. 紧跟设计潮流

我们要时刻保持对设计行业和动效设计领域的关注，了解当下新的设计趋势、设计方式和表现手法等。

很多炫酷的动效都需要使用 After Effects 中的各种效果或者外部插件，通过这些效果和外部插件的使用往往能够实现许多基础变化无法实现的效果，图 1-13 所示的炫酷粒子动效就是使用了外部插件实现的。

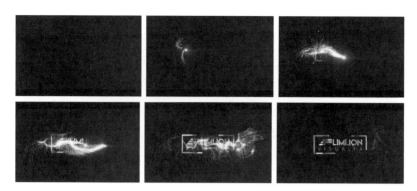

图 1-13　使用外部插件实现的炫酷粒子动效

1.3.2　实现想法

前面介绍了如何构思，有了想法，接下来就是去实现想法。实现想法基本上就是技术和技巧的问题，这就需要不断地进行学习和积累。

1. 动手尝试，熟能生巧

理解了理论知识，一定要亲自动手进行尝试，不断尝试才能够不断锻炼自己的技术，只有尝试才能够真正地验证你的设计。

2. 多临摹，多练习

学习任何东西，特别是在设计行业中，临摹都是一个非常有效的入门方法，动效设计也是如此。临摹的过程其实就是你与优秀设计师交流的过程，从中仔细了解和学习他的设计思路和表现手法，在临摹的过程中结合自身经验对原有设计手法进行优化升级，是很好的提升技巧的方法。

3. 注重细节

细节决定成败，动效设计和做单纯的视觉设计一样，一定要注重动效细节的表现。要做到全面思考，认真实践。

4. 使动效富有节奏感

通过动效设计使 UI 有活力、不死板，才能够赋予产品新的活力。

5. 先加后减

在动效设计过程中，可以不断地丰富原有的设计想法。当你不太明确如何丰富自己的设计想法，或者不太清楚应该使用何种技巧达到自己设想的感觉时，可以先尝试确定哪些地方可以动态化，可以这样运动，是否也可以那样运动，寻找出可能性和突破，然后对这些可能性和突破做减法，去除多余部分，保留精华。

1.4　动效的类型有哪些

一个好的动效应该是自然、舒适、锦上添花的，绝对不是仅仅为了吸引眼球而生拉硬套的。所以要把握好交互过程中动效的轻重，先考虑用户使用的场景、频率，然后确定动效吸引人的程度，并且还需要重视界面交互整体性的编排。

扫码看视频

1.4.1　转场过渡

人们的大脑会对动态事物（例如对象的移动、变形、变色等）保持敏感，在界面中加入一些平滑舒适的转场过渡动效，不仅能够让界面显得更加生动，更能够帮助用户理解界面变化前后的逻辑关系。

图 1-14 所示的界面转场过渡动效，界面上半部分的图片列表中可以通过左右滑动的方式来切换作品图片，并且在作品图片切换过程中，会表现出三维空间的视觉效果；当用户点击某个作品图片时，界面中其他内容会逐渐淡出，该作品图片会在当前位置逐渐放大，填充界面的上半部分，并在界面下方淡入该作品的相关介绍信息内容，界面的转场过渡效果非常自然、流畅，为用户带来了良好的浏览体验。

图 1-14　界面转场过渡动效

1.4.2　层级展示

在现实空间中，物体存在近大远小的现象，运动则会表现为近快远慢。当界面中的元素存在不同的层级时，恰当的动效可以帮助用户更好地理解前后位置关系，通过动效能够体现出整个界面的空间感。

图 1-15 所示的信息列表界面，信息内容以卡片叠堆的形式展示，在静态表现上就使得界面具有一定的空间立体感；当用户点击界面中某个信息标题时，该信息的卡片会逐渐展开并向上运动，从而显示该信息详细内容，其动效使得界面的层级结构更加清晰，空间感更加强烈。

图 1-15　表现内容层级的动效

1.4.3　空间扩展

在移动界面中，有限的屏幕空间难以承载大量的信息内容，通过动效的形式，可以在界面中通过折叠、翻转、缩放等方式拓展出附加内容的界面空间，以渐进展示的方式来减轻用户的认知负担。

图 1-16 所示的餐饮美食 App 界面中，用户不仅可以通过向下滑动的方式来浏览更多的界面内容，还可以点击界面底部的"＋"按钮，从而以动效的形式从界面下方弹出隐藏的多个功能操作按钮，有效扩展了界面的空间，不需要使用时，还可以将其隐藏，非常实用。

图 1-16　通过动效扩展界面空间

1.4.4 聚焦重点

聚焦重点是指在界面中通过元素的动态变化，提醒用户关注界面中特定的信息内容。这种提醒方式不仅可以降低视觉元素的干扰，使界面更加清爽简洁，还能够在用户使用过程中自然地吸引其注意力。

图1-17所示为某天气App的界面，背景部分通过动画的形式来表现天气状况，下方未来几天的天气状况部分采用了移动入场的动画形式，按照元素缓动的原理，为内容赋予弹性，使动画效果更加真实。

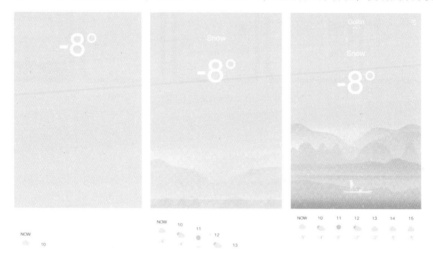

图1-17　通过动画形式表现天气状况

1.4.5 内容呈现

界面中的内容和元素按照一定的秩序和规律逐级呈现，能够引导用户视觉焦点移动方向，帮助用户更好地感知界面布局、层级结构和重点内容，同时也能够让界面的操作更加流畅，增添界面的活力。

图1-18所示的App应用界面中，各功能选项以风格统一但颜色不同、整齐排列的图标表现，当用户在界面中点击某个功能图标时，将切换过渡到相应的信息列表界面中，而信息列表的呈现通过动效的形式来表现，并且不同的信息使用了不同的背景颜色，使得界面的信息内容非常清晰。

图1-18　通过动效的形式呈现界面内容

1.4.6 操作反馈

在界面中进行点击、长按、拖曳、滑动等交互操作时，都应该得到系统的即时反馈，以视觉动效的形式表现操作反馈，能够帮助用户了解当前系统对用户操作过程的响应情况，为用户带来安全感。

图1-19所示为App界面中常见的"收藏"功能图标的交互动效，当用户点击"收藏"图标时，红色的实心心形图标会逐渐放大并替换默认状态下的灰色线框心形图标，就是这样一个简单的交互操作动效，却能够给用户带来非常明确的操作反馈。

#米兰时装周 2016年秋冬，半身裙以千变万化的廓形演绎别致格调，诠释精致优雅。

#米兰时装周 2016年秋冬，半身裙以千变万化的廓形演绎别致格调，诠释精致优雅。

 轻复古　　　　　　分享 喜欢 评论　　轻复古　　　　　　　分享 喜欢 评论

京致衣橱向你推荐搭配　　　　　　　　　　京致衣橱向你推荐搭配

#米兰时装周 2016年秋冬，半身裙以千变万化的廓形演绎别致格调，诠释精致优雅。

#米兰时装周 2016年秋冬，半身裙以千变万化的廓形演绎别致格调，诠释精致优雅。

轻复古　　　　　　　分享 喜欢 评论　　轻复古　　　　　　　分享 喜欢 评论

京致衣橱向你推荐搭配　　　　　　　　　　京致衣橱向你推荐搭配

图 1–19　"收藏"功能图标的交互操作反馈动效

> **提示：** 需要注意的是，过长、冗余的动效会影响用户的操作，更严重的是还可能引起用户负面的体验。所以恰到好处地把握动效的持续时间是动效设计必备技能之一。

1.5　动效设计制作软件有哪些

随着 UI 设计的不断发展，UI 动效越来越多地被应用于 UI 设计中。优秀的动效在提升产品体验、用户黏性方面的积极作用有目共睹，已经成为当下 Web 和 App 产品交互界面中必不可少的元素。那么，我们可以使用哪些工具来制作 UI 动效呢？

1. Adobe After Effects

After Effects 简称 AE，是目前最热门的动效设计软件之一，如图 1–20 所示。After Effects 的功能非常强大，基本上想要的功能都有，UI 动效其实只使用到了该软件中的很少一部分功能，要知道很多的美国大片都是通过它来进行后期合成制作的，配合 Photoshop 和 Illustrator 等软件，更是得心应手。图 1–21 所示的动效就是使用 After Effects 软件所制作的。

图 1–20　After Effects 启动界面

图 1-21　用 After Effects 软件制作的动效

2．Adobe Photoshop

可能很多人都认为 Photoshop 只是用来处理图像的，并不知道 Photoshop 也可以制作动画，图 1-22 所示为 Photoshop CC 的启动界面。当然，Photoshop 只能通过其时间轴来制作一些比较简单的 GIF 动画效果，在 Photoshop CS6 版本中加入了视频时间轴功能，这样可以快速制作简单的动画效果，如移动、变换、应用图层样式等。

但是 Photoshop 中的时间轴动画也有一些弊端。

（1）不支持围绕点旋转，只支持中心对称旋转，这会造成一些不便。

图 1-22　Photoshop CC 的启动界面

（2）效果样式较少，一些复杂的效果难以实现。

（3）动画效果生硬，没有缓动效果，整体动画效果违和感强烈。

图 1-23 所示就是使用 Photoshop 软件所制作的简单的 GIF 动画效果。

图 1-23　用 Photoshop 软件制作的简单 GIF 动画效果

3. Adobe Flash

Flash 在以前的互联网动画中的应用非常普遍，可以说是过去网站动画制作软件中的王者，但是其缺点也非常明显，Flash 动画的播放需要有浏览器插件的支持，并且随着移动互联网的发展，Flash 动画在移动端应用的弊端愈发明显，而随着 HTML5 和 CSS3 等新技术的崛起，Flash 目前已经基本被淘汰，图 1-24 所示为 Flash CC 的启动界面。

Adobe 为了适应 HTML5 和 CSS3 设计的发展趋势，在 Flash 的基础上添加了 HTML5 动画的新功能和新属性，从而开发了取代 Flash 的全新软件 Adobe Animate，图 1-25 所示为 Animate CC 的启动界面。

图 1-24 Flash CC 的启动界面

图 1-25 Animate CC 的启动界面

4. Cinema 4D

Cinema 4D 简称 C4D，是近几年比较火的一款三维动画制作软件，其特点是拥有极高的运算速度和强大的渲染插件，图 1-26 所示为 C4D 的启动界面。与众所周知的其他 3D 软件（如 Maya、3ds Max 等）一样，Cinema 4D 同样具备高端 3D 动画软件的所有功能。所不同的是在研发过程中，Cinema 4D 的工程师更加注重工作流程的流畅性、舒适性、合理性、易用性和高效性。因此，使用 Cinema 4D 会让设计师在创作设计时感到非常轻松愉快、赏心悦目，在使用过程中更加得心应手，以便将更多的精力置于创作之中，即使是新用户，也会感觉到 Cinema 4D 上手非常容易。

图 1-26 Cinema 4D 的启动界面

Cinema 4D 同样是一款非常出色的动效制作软件，使用 Cinema 4D 能够制作出许多具有三维立体感的酷炫动效，如图 1-27 所示。

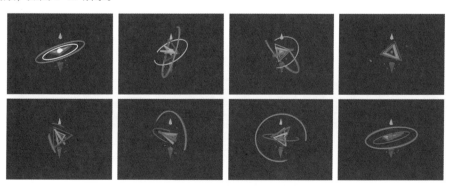
图 1-27 用 Cinema 4D 软件制作的动效

5. Pixate

Pixate 是一款图层类交互原型设计软件，如图 1-28 所示。其优点是：可交互，共享性强，与 Sketch 软件的结合度相对比较高，同时对 Google Material Design 语言的支持比较好，有许多 Material Design 语言的相关预设。Pixate 软件的缺点是没有时间轴，层级不是非常明确，图层一多就会显得非常繁杂。

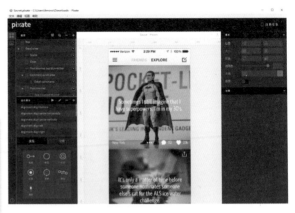

图 1-28　Pixate 软件工作界面

> **提示：** 以上所介绍的这几款动效制作软件都支持 Windows 操作系统。除了以上介绍的几款软件之外，还有其他一些小软件同样能够制作动效，例如 Origami、Hype 3、Flinto 和 Principle 等，这些软件都有其独特的优点，但大多数只支持 Mac 操作系统，感兴趣的用户可以查找相关资料进行深入了解。

1.6　基础变化类型

前面介绍说，我们在网站和 App 界面中所看到的动效，都是由一些基础变化组合而成的，那这些基础变化是什么呢？图 1-29 所示为基础变化所包含的内容。

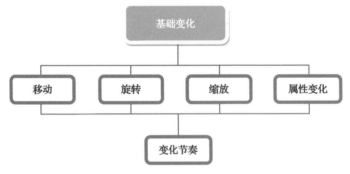

图 1-29　基础变化所包含的内容

1.6.1　移动、旋转和缩放

我们平时在 App 界面中看到的动效其实都是由一些最基础的变化组合而成的，这些最基础的变化包括：移动、旋转和缩放。在动效设计软件中，通常我们只需要设置对象的起点和终点，并在软件中设置想要实现的动效，设计软件便会根据我们的这些设置渲染出整个动画过程。

1. 移动

移动，顾名思义，就是将一个对象从位置 A 移动到位置 B，如图 1-30 所示。这是最常见的一种动态效果，像滑动、弹跳、振动这些动态效果都是从移动扩展而来的。

图 1-30　对象移动效果

2. 旋转

旋转是指通过改变对象的角度，使对象产生转动的效果，如图 1-31 所示。通常在界面加载或点击某个按钮触发一个较长时间操作时，经常使用到的 Loading 效果和一些菜单图标的变换都会使用旋转动态效果。

图 1-31 对象旋转变化效果

3. 缩放

缩放动态效果在 UI 设计中被广泛地使用，如图 1-32 所示。例如，点击一个 App 图标，打开该 App 全屏界面时，就是以缩放的方式展开的，还有通过点击一张缩略图查看具体内容时，通常也会以缩放的方式从缩略图过渡到全屏的大图。

图 1-32 对象缩放变化效果

1.6.2 属性变化

在 1.6.1 小节中已经介绍了 3 种最基础的变化——移动、旋转和缩放，但元素的动效除了使用这 3 种最基础的变化进行组合之外，还会加入元素属性的变化。属性变化其实就是指元素的不透明度、形状、颜色等属性在运动过程中的变化。

属性变化也是一种基础变化，例如可以通过改变元素的不透明度来实现元素淡入/淡出的动画效果等。同时还可以通过改变元素的大小、颜色、位置等几乎所有属性来实现动画效果。

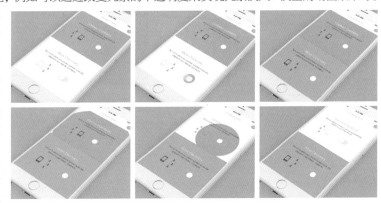

图 1-33 所示为 App 界面中功能开关按钮的动效，当打开某个功能时，该功能按钮的小圆移动到另一侧，并且该功能选项的背景色会从开关按钮的位置逐渐放大至覆盖整个功能选项。当关闭某个功能时，该功能按钮的小圆移动到另一侧，并且该功能选项的背景色会渐渐收缩至开关按钮下方隐藏起来。

图 1-33 功能开关按钮动效

1.6.3 变化节奏

自然界中大部分物体的运动都不是线性的，而是按照物理规律呈非线性的。通俗地说，就是物体运动的响应变化与运动物体本身的质量有关。例如，当我们打开抽屉时，首先会让它加速，然后让它慢下来。又如，当某个东西往下掉时，首先是越掉越快，撞到地上后回弹，最终才又碰触地板。

动效应该反映真实的物理现象，如果动效想要表现的对象是一个沉甸甸的物体，那么它的起始动画响应的变化会比较慢。反之，对象如果是轻巧的，那么其起始动画响应的变化会比较快。图 1-34 所示为元素缓动效果。

图 1-34 元素缓动效果

所以，在动效设计中还需要考虑到元素的变化节奏，从而使所制作的动效更加真实、自然。

图 1-35 所示为订餐 App 界面中的动效，用户可以上下滑动界面，当用户滑动界面时，界面的运动是缓慢地开始，中间速度加快，再缓慢地结束，这种运动方式就充分地考虑了对象的运动规律，并且在运动过程中加入了运动模糊，使界面的动效更加真实、富有动感。

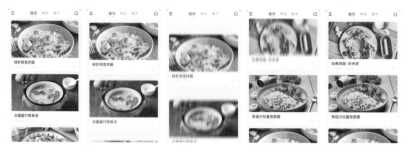

图 1-35　界面上下滑动的动效

1.6.4　基础变化的组合应用

大多数场景，需要同时使用 2 种以上的基础变化，将它们有效地组合在一起，以达到更好的动态效果。另外我们仍然需要让动效遵循普遍的物理规律，这样才能使所制作的动效更容易被用户接受。

图 1-36 所示为一个 App 中的导航菜单动效，综合运用了多种基础变化，包括缩放、移动、不透明度变化等，使界面的交互动效更加丰富而真实。

图 1-36　界面导航菜单动效

理想的动效时长应该在 0.5~1 秒，在设计淡入 / 淡出、滑动、缩放等动效时都应将时长控制在这个范围内。如果动效时长设置得太短，会让用户看不清效果，甚至给用户造成压迫感。反过来，如果动效持续时间过长，又会使人感觉无聊，特别是当用户在使用 App 的过程中反复看到同一动效的时候。

1.7　本章小结

本章详细介绍了 UI 动效设计的相关知识。通过对本章内容的学习，读者需要理解什么是动效设计，动效的应用范围和其优势、特点，可以使用哪些软件来制作动效，以及基础的变化有哪些，这些都是学习 UI 动效设计的基础，在下一章中我们将会正式学习如何使用 After Effects 来制作动效。

1.8　课后测试

完成对本章内容的学习后，接下来通过创新题，检测一下读者对 UI 动效设计基础知识的学习效果，同时加深读者对所学知识的理解。

创新题

根据从本章所学习的知识，打开自己手机中的各种 App，仔细观察在这些 App 中哪些地方使用了动效，表现形式是什么样的。

● App 中应用的动效

列举 App 中哪些地方使用了动效。

● 表现形式

简单描述 App 中动效的表现形式，以及动效中使用了哪些基础变化。

02

第2章

After Effects 基础操作

After Effects 是 Adobe 公司推出的一款影视后期效果制作软件，随着计算机技术水平的提高，After Effects 不再仅仅局限于影视后期效果的制作，由于其自身具有的特效能够给用户带来想要的效果，在目前流行的动效设计中被广泛使用。想要使用 After Effects 软件制作 UI 动效，首先必须掌握 After Effects 软件的操作，在本章中将向读者介绍 After Effects 软件的基础操作。

本章知识点

- 了解 After Effects
- 认识 After Effects 工作界面及常用面板
- 熟练掌握 After Effects 的基本操作
- 掌握导入各种不同类型素材的方法
- 掌握 After Effects 中素材的管理操作
- 认识"时间轴"面板各组成部分
- 了解 After Effects 中不同类型的图层

2.1 After Effects 概述

After Effects 是 Adobe 公司开发的一款视频剪辑及后期处理软件，本书采用的版本是 After Effects CC 2018。After Effects 是制作动态影像不可或缺的辅助工具，是视频后期合成处理的专业非线性编辑软件。After Effects 应用范围广泛，涵盖视频短片、电影、广告以及网站等。图 2-1 所示为 After Effects CC 2018 的启动界面。

After Effects 支持无限多个图层，它能够直接导入 Illustrator 和 Photoshop 文件。After Effects 也有多种插件，其中包括 Meta Tool Final Effect，它能够提供虚拟移动图像以及多种类型的粒子系统，使用它还能够创造出独特的迷幻效果。

　　引入 Photoshop 中的图层，使得 After Effects 可以对多层的合成图像进行处理，制作出天衣无缝的合成效果。关键帧、路径的引入，对控制高级的二维动画来说是一个很有效的解决途径。高效的视频处理系统，确保了高质量视频的输出。

　　After Effects 可以帮助用户高效、精确地创建精彩的动态图形和视觉效果。After Effects 在各个方面都具有优秀的性能，不仅广泛支持各种动画文件格式，还具有优秀的跨平台能力。After Effects 作为一款优秀的视频特效处理软件，经过不断地发展，在众多行业中已经得到了广泛的使用。图 2-2 所示为 After Effects 在 UI 动效设计方面的应用。

图 2-1　After Effects CC 2018 的启动界面

图 2-2　用 After Effects 制作的 UI 动效

2.2　After Effects 工作界面

　　在进行动效设计制作之前，不仅要了解动效设计的相关知识，还要掌握制作软件的使用方法，After Effects 就是 UI 动效设计的主流软件之一，本节将带领读者全面认识 After Effects 工作界面。

2.2.1　认识 After Effects 工作界面

　　After Effects 的工作界面越来越人性化，将界面中的各个窗口和面板集合在一起，不是单独的浮动状态，这样在操作过程免去了拖来拖去的麻烦。启动 After Effects，可以看到 After Effects 的工作界面，如图 2-3 所示。

　　菜单栏：在 After Effects 中根据功能和使用目的将菜单命令分为 9 类，每个菜单项中包含多个子菜单命令。

　　工具栏：包含了 After Effects 中的各种常用工具，所有工具均是针对"合成"窗口进行操作的。

　　"项目"面板：用来管理项目中的所有素材和合成文件，在"项目"面板中可以很方便地进行导入、删除和编辑素材等相关操作。

　　"合成"窗口：动画效果的预览区，能够直观地观察要处理的素材文件的显示效果，如果要在该窗口中显示画面，首先需要将素材添加到时间轴中，然后将时间滑块移动到当前素材的有效帧内。

　　"时间轴"面板："时间轴"面板是 After Effects 工作界面中非常重要的组成部分，它是进行素材组织的主要操作区域，主要用于管理图层的顺序和设置动画关键帧。

　　其他浮动面板：显示了 After Effects 中常用的面板，用于配合动画效果的处理制作，可以通过在"窗口"菜单中执行相应的命令，在工作界面中显示或隐藏相应的面板。

　　技巧：如果需要切换 After Effects 的工作界面，可以执行"窗口 > 工作区"命令，在该命令的下级菜单中选择相应的命令，即可切换到对应的工作区，在工具栏上的"工作区"下拉列表中选择相应的选项，同样可以切换到对应的工作区。

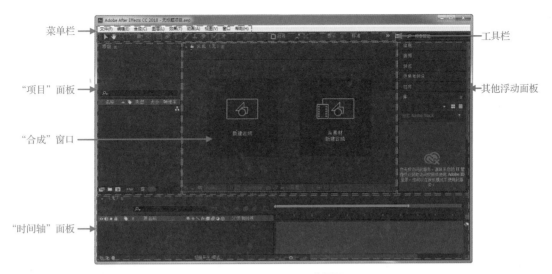

图 2-3　After Effects 工作界面

（左侧标注）菜单栏、"项目"面板、"合成"窗口、"时间轴"面板

（右侧标注）工具栏、其他浮动面板

2.2.2　工具栏

执行"窗口 > 工具"命令，或者按组合键 Ctrl+1，可以在工作界面中显示或隐藏工具栏。工具栏中包含了常用的编辑工具，使用这些工具可以在"合成"窗口中对素材进行编辑操作，如移动、缩放、旋转、绘制图形和输入文字等，After Effect 中的工具栏如图 2-4 所示。

图 2-4　After Effects 中的工具栏

"选取工具"：使用该工具，可以在"合成"窗口中选择和移动对象。

"手形工具"：当素材或对象被放大至超过"合成"窗口的显示范围时，可以选择该工具，在"合成"窗口中拖动，以查看超出部分。

"缩放工具"：选择该工具，在"合成"窗口中单击可以放大显示比例，按住 Alt 键不放，在"合成"窗口中单击可以缩小显示比例。放大操作的组合键为 Ctrl++，缩小操作的组合键为 Ctrl+-。

"旋转工具"：使用该工具，可以在"合成"窗口中对素材进行旋转操作。

"统一摄像机工具"：在建立摄像机后，该按钮被激活，可以使用该工具操作摄像机。在该工具按钮上按住鼠标左键不放，会显示出其他 3 个工具，分别是"轨道摄像机工具""跟踪 XY 摄像机工具"和"跟踪 Z 摄像机工具"，如图 2-5 所示。

"向后平移（锚点）工具"：使用该工具，可以调整对象的中心点位置。

"矩形工具"：使用该工具，可以创建矩形蒙版。在该工具按钮上按住鼠标左键不放，会显示出其他 4 个工具，分别是"圆角矩形工具""椭圆工具""多边形工具"和"星形工具"，如图 2-6 所示。

"钢笔工具"：使用该工具，可以为素材添加不规则的蒙版图形。在该工具按钮上按住鼠标左键不放，会显示出其他 4 个工具，分别是"添加'顶点'工具""删除'顶点'工具""转换'顶点'工具"和"蒙版羽化工具"，如图 2-7 所示。

图 2-5　摄像机工具　　　图 2-6　形状工具　　　图 2-7　路径工具

"横排文字工具"：使用该工具，可以为合成图像添加文字，支持文字的特效制作，功能强大。在该工具按钮上按住鼠标左键不放，会显示出另一个工具，即"直排文字工具"，如图 2-8 所示。

"画笔工具"：使用该工具，可以在合成图像中的素材上进行绘制操作。

"仿制图章工具"：使用该工具，可以复制素材中的像素。

"橡皮擦工具" ◆：使用该工具，可以擦除多余的像素。

　　"Roto 笔刷工具" ✗：使用该工具，可以帮助用户在正常时间片段中分离出移动的前景元素。在该工具按钮上按住鼠标左键不放，会显示出另一个工具，即"调整边缘工具"，如图 2-9 所示。

　　"操控点工具" ✗：使用该工具，可以确定动画的关节点位置。在该工具按钮上按住鼠标左键不放，会显示出其他两个工具，分别是"操控叠加工具"和"操控扑粉工具"，如图 2-10 所示。

图 2-8　文字工具　　　图 2-9　笔刷和调整边缘工具　　　图 2-10　操控工具

2.2.3 "项目"面板

　　"项目"面板主要用于组织、管理项目中所使用的素材。所制作的动效中需要使用的素材都要先导入"项目"面板，在该面板中可以对素材进行预览，"项目"面板如图 2-11 所示。

　　素材预览区：此处显示的是当前所选中的素材的缩略图，以及尺寸、颜色等基本信息。

　　搜索栏：在"项目"面板中有较多的素材、合成文件或文件夹时，可以通过搜索栏快速查找所需要的素材。

　　素材列表：在该列表中显示当前项目中的所有素材文件，以及各素材的类型、大小等相关基本信息。

　　"解释素材"按钮 ▦：单击该按钮，可以设置选择的素材的透明通道、帧速率、上下场、像素以及循环次数。

　　"新建文件夹"按钮 ▭：单击该按钮，可以在"项目"面板中新建一个文件夹。

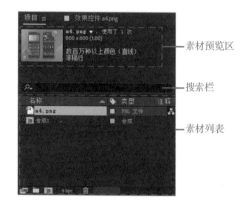

图 2-11　"项目"面板

　　"新建合成"按钮 ▦：单击该按钮，可以在"项目"面板中新建一个合成文件。

　　"项目颜色深度"选项 8 bpc：在该选项中显示了当前项目的颜色深度，单击该选项，会弹出"项目设置"对话框并自动切换到"颜色设置"选项卡中，可以对当前项目的颜色深度进行修改。

　　"删除所选项目项"按钮 ▦：单击该按钮，可以在"项目"面板中将当前选中的素材删除。

2.2.4 "合成"窗口

　　"合成"窗口是动画效果的预览区域，在进行动效的设计制作时，它是最重要的窗口，在该窗口中可以预览到编辑时每一帧的效果。如果要在"合成"窗口中显示画面，首先需要将素材添加到"时间轴"面板中，然后将时间滑块移动到当前素材的有效帧内，如图 2-12 所示。

　　当前显示的合成文件：在一个项目文件中可以创建多个合成文件，在该选项下拉列表中可以选择需要在"合成"窗口中显示的合成文件，或者对合成文件进行关闭、锁定等操作。

　　"始终预览此视图"按钮 ▦：当该按钮呈现按下状态时，将会始终预览当前视图的效果。

　　"主查看器"按钮 ▯：当该按钮呈现按下状态时，将在"合成"窗口中预览项目中的音频和外部视频效果。

　　"Adobe 沉浸式环境"按钮 ▦：该选项用于设置是否在"合成"窗口中开启 Adobe 沉浸式环境的预览效果，如果需要使用 Adobe 沉浸式环境，则需要佩戴 VR 眼镜设备。默认关闭"Adobe 沉浸式环境"功能。

图 2-12　"合成"窗口

"放大率"选项 50% ：在该选项的下拉列表中可以选择"合成"窗口的视图显示比例。

"选择网格和参考线选项"按钮：单击该按钮，在弹出的菜单中选择相应的选项，可以在"合成"窗口中显示标尺、网格等。

"切换蒙版和形状路径可视性"按钮：单击该按钮，可以切换视图中蒙版和形状路径的可视性。默认情况下，该按钮为按下状态。

"预览时间"选项 0;00;00;00 ：显示当前预览时间，单击该选项，弹出"转到时间"对话框，可以设置当前时间指示器的位置。

"拍摄快照"按钮：单击该按钮，可以捕捉当前"合成"窗口中的视图并创建快照。

"显示快照"按钮：单击该按钮，可以在"合成"窗口中显示最后创建的快照。

"显示通道及色彩管理设置"按钮：单击该按钮，可以在弹出的菜单中选择需要查看的通道，或者进行色彩管理设置。

"分辨率/向下采样系数"选项 (完整) ：在该选项的下拉列表中可以选择"合成"窗口中所显示的内容的分辨率，如图2-13所示。

"目标区域"按钮：单击该按钮，可以在视图中拖曳出一个矩形框，可以将该矩形区域作为目标区域。

"切换透明网格"按钮：当该按钮呈现按下状态时，将以透明网格的形式显示视图中的透明背景。

"3D视图"选项 活动摄像机 ：在该选项的下拉列表中可以选择一种3D视图的视角，如图2-14所示。

"选择视图布局"选项 1个... ：在该选项的下拉列表中可以选择一种"合成"窗口的视图布局的方式，如图2-15所示。

"切换像素长宽比校正"按钮：当该按钮呈现按下状态时，只可以对素材进行等比例的缩放操作。

"快速预览"按钮：单击该按钮，可以在弹出的菜单中选择一种在"合成"窗口中进行快速预览的方式，如图2-16所示。

   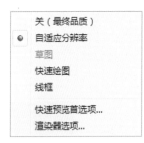

图2-13 分辨率选项　　图2-14 3D视图选项　　图2-15 视图布局选项　　图2-16 快速预览选项

"时间轴"按钮：单击该按钮，自动选中当前工作界面中的"时间轴"面板。

"合成流程图"按钮：单击该按钮，可以打开"流程图"窗口，创建项目的流程图。

"重置曝光度"按钮与"调整曝光度"选项 +0.0 ：在曝光度数值上按住鼠标左键左右拖动光标可以调整"合成"窗口中的曝光度；单击"重置曝光度"按钮，可以将"合成"窗口中的曝光度重置为默认值。

2.2.5 "时间轴"面板

"时间轴"面板是After Effects工作界面的核心组成部分，动画与视频编辑工作的大部分操作是在该面板中进行的，它是进行素材组织和动效制作的主要区域。当添加不同的素材后，将产生多个图层，可以在不同的素材图层中完成该图层中素材动画的制作，如图2-17所示。

图2-17 "时间轴"面板

"当前时间"选项 0:00:00:00 ：显示"时间轴"面板中当前时间指示器所处的时间位置。

"合成微型流程图"按钮：单击该按钮可以合成微型流程图。

"草图 3D"按钮 ：当该按钮呈现按下状态时，三维图层中的内容将以 3D 草稿的形式显示，从而加快显示的速度。

"隐藏为其设置了'消隐'开关的所有图层"按钮 ：单击该按钮，可以同时隐藏"时间轴"面板中所有设置了"消隐"开关的图层。

"为设置了'帧混合'开关的所有图层启用帧混合"按钮 ：单击该按钮，可以同时为"时间轴"面板中设置了"帧混合"开关的所有图层启用帧混合。

"为设置了'运动模糊'开关的所有图层启用运动模糊"按钮 ：单击该按钮，可以同时为"时间轴"面板中设置了"运动模糊"开关的所有图层启用运动模糊。

"图表编辑器"按钮 ：单击该按钮，可以将"时间轴"面板切换到图表编辑器状态，可以通过图表编辑器来调整时间轴动画效果。

2.2.6 其他面板

在 After Effects 工作界面中，除了常用的"项目"面板、"合成"窗口和"时间轴"面板之外，还包含其他的一些面板，这些面板虽然并不经常使用，但是也都有其相应的用途，接下来我们对这些面板做一个了解。

1．"信息"面板

"信息"面板主要用来显示素材的相关信息，在"信息"面板的上半部分中，主要显示 RGB 值、Alpha 通道值、光标在"合成"窗口中的位置坐标；在"信息"面板的下半部分中，根据选择的素材的不同，主要显示素材的名称、位置、持续时间、出点和入点等信息，如图 2-18 所示。

2．"音频"面板

在"音频"面板中可以对项目中的音频素材进行控制，实现对音频素材的编辑，执行"窗口 > 音频"命令，或按组合键 Ctrl+4，可以打开或者关闭"音频"面板，如图 2-19 所示。

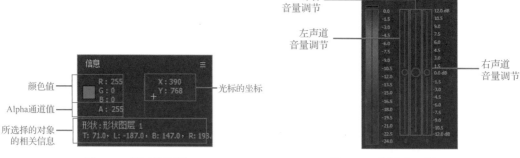

图 2-18 "信息"面板

图 2-19 "音频"面板

3．"预览"面板

"预览"面板主要用于对"合成"窗口中的内容进行预览操作，并且可以控制素材的播放与停止，还可以进行预览的相关设置。执行"窗口 > 预览"命令，或按组合键 Ctrl+3，可以打开或关闭"预览"面板，如图 2-20 所示。

4．"效果和预设"面板

"效果和预设"面板中包含了"动画预设""抠像""模糊和锐化""通道""颜色校正"等多种特效，是进行视频编辑处理的重要部分，主要用于对"时间轴"面板中的素材进行特效处理。常见的特效可以使用"效果和预设"面板中的特效来制作，如图 2-21 所示。

图 2-20 "预览"面板　　图 2-21 "效果和预设"面板

2.3 After Effects 的基本操作

在本节中将向读者介绍 After Effects 软件的基本操作。

2.3.1 创建项目文件

使用 After Effects 软件制作动效时，首先必须在 After Effects 中创建一个新的项目，这也是 After Effects 的最基础操作之一，只有创建了项目，才能够在项目中进行其他的编辑工作。

刚打开 After Effects 软件时，会在软件工作界面之上显示"开始"窗口，在该窗口中为用户提供了软件操作的一些基本命令，如图 2-22 所示。单击"新建项目"按钮，或者关闭该"开始"窗口，进入 After Effects 工作界面，如图 2-23 所示。默认情况下，After Effects 会自动新建一个空的项目文件。

图 2-22 "开始"窗口

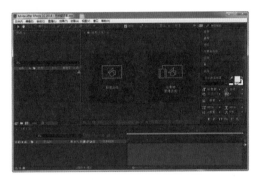

图 2-23 默认新建一个空白项目文件

如果用户当前正在 After Effects 软件中编辑一个项目文件，需要创建新的项目文件，则可以执行"文件 > 新建 > 新建项目"命令，或者按组合键 Ctrl+Alt+N，创建一个新的项目文件。

2.3.2 在项目文件中创建合成文件

After Effects 软件与其他软件有一个明显的区别，就是在 After Effects 中创建新项目文件后，并不可以在项目中直接进行动画的编辑操作，还需要在该项目文件中创建合成文件，才能够进行动画的制作与编辑操作。

完成项目文件的创建之后，接下来就需要在该项目文件中创建合成文件了。在"合成"窗口中为用户提供了两种创建合成文件的方法，如图 2-24 所示，一种是新建一个空白的合成文件，另一种是通过导入的素材文件来创建合成文件。

如果单击"新建合成"按钮，则会弹出"合成设置"对话框，在该对话框中可以对合成文件的相关选项进行设置，如图 2-25 所示。如果单击"从素材新建合成"按钮，则会弹出"导入文件"对话框，可以选择需要导入的素材文件，After Effects 会根据用户所选择的素材文件自动创建相应的合成文件。

图 2-24 两种创建合成文件的方法

图 2-25 "合成设置"对话框

技巧：在 After Effects 中，也可以执行"合成 > 新建合成"命令，或者按组合键 Ctrl+N，打开"合成设置"对话框。

在"合成设置"对话框中设置合成文件的名称、尺寸、帧速率、持续时间等选项，单击"确定"按钮，即可创建一个合成文件，在"项目"面板中可以看到刚创建的合成文件，如图 2-26 所示。此时，"合成"窗口和"时间轴"面板都变为可操作状态，如图 2-27 所示。

图 2-26　新建的合成文件

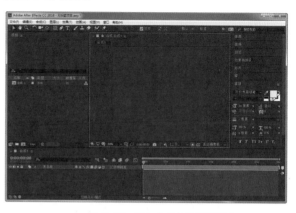

图 2-27　进入合成文件编辑状态

提示： 完成项目中合成文件的创建后，在编辑制作过程中如果需要对合成文件的相关设置进行修改，可以执行"合成 > 合成设置"命令，或按组合键 Ctrl+K，在弹出的"合成设置"对话框中对相关选项进行修改。

2.3.3　保存和关闭项目文件

在对项目进行编辑制作的过程中，需要随时对项目文件进行保存，防止出现程序出错或发生其他意外情况而带来不必要的麻烦。

在 After Effects 的"文件"菜单中提供了多个用于保存文件的命令，如图 2-28 所示。

如果是新创建的项目文件，执行"文件 > 保存"命令，或按组合键 Ctrl+S，在弹出的"另存为"对话框中进行设置，如图 2-29 所示，单击"保存"按钮，即可将文件保存。如果该项目文件已经被保存过一次，那么执行"保存"命令时则不会弹出"另存为"对话框，而是直接将原来的文件覆盖。

当用户想要关闭当前项目文件时，可以执行"文件 > 关闭"命令或执行"文件 > 关闭项目"命令。如果当前项目是已经保存过的文件，则可以直接关闭该项目文件；如果当前项目是未保存过的或者做了某些修改后未保存的，则系统将会弹出提示窗口，提示用户是否需要保存当前项目或已做了修改的项目，如图 2-30 所示。

图 2-29　"另存为"对话框

图 2-28　保存文件的命令

图 2-30　提示窗口

2.3.4　After Effects 中的基本工作流程

俗话说"万事开头难"，学习 After Effects 也是一样，在学习如何在 After Effects 中制作动效之前，本小节将向读者介绍在 After Effects 中制作动效的一般工作流程，旨在建立一个学习的整体思路。

| （1）
新建合成文件 | 在After Effects中进行动效制作时，需要新建项目和合成文件。在启动After Effects时，会自动创建一个空的项目，而此时并没有合成文件存在，所以在开始制作动效之前必须先新建合成文件。 |

▼

| （2）
导入素材 | 完成了项目和合成文件的创建后，接下来可以将相关的素材导入所创建的项目，以便于在After Effects中进行合成处理。 |

▼

| （3）
添加素材 | 在项目中导入相应的素材后，可以将素材添加到合成文件的"时间轴"面板中，这样就可以制作该素材的动画效果了。 |

▼

| （4）
添加文字 | 如果动效中需要有文字，可以在合成文件中添加文字，并制作文字的动画效果。 |

▼

| （5）
渲染输出 | 在After Effects中完成动效的制作后，可以将项目保存，并且渲染输出所制作的动效，这样就可以看到所制作的动效了。 |

2.4 素材的导入与管理操作

After Effects 进行动效制作，通常需要使用外部的素材文件，这时就需要将素材导入"项目"面板，After Effects 支持导入多种不同格式的素材文件。

2.4.1 导入素材的基本方法

1. 导入单个素材

执行"文件 > 导入 > 文件"命令，或按组合键Ctrl+I，在弹出的"导入文件"对话框中选择需要导入的素材，如图 2-31 所示。单击"导入"按钮，即可将该素材导入"项目"面板，如图 2-32 所示。

图 2-31 "导入文件"对话框　　　　　图 2-32 "项目"面板

提示： 视频和音频素材文件的导入方法与不分层静态图片素材的导入方法相同，导入后同样显示在"项目"面板中。

2. 导入多个素材

执行"文件 > 导入 > 文件"命令，或按组合键 Ctrl+I，在弹出的"导入文件"对话框中在按住 Ctrl 键的同时逐个单击需要导入的多个素材文件，如图 2-33 所示。单击"导入"按钮，即可同时导入多个素材文件，在"项目"面板中可以看到导入的多个素材文件，如图 2-34 所示。

图 2-33　同时选中多个需要导入的素材　　　　　　　图 2-34　导入多个素材

3. 导入素材序列

素材序列是指若干个按顺序排列的素材组成的一个序列，每个素材代表一帧，用来记录运动的影像。

执行"文件 > 导入 > 文件"命令，在弹出的"导入文件"对话框中选择顺序命名的一系列素材中的第 1 个素材，并且勾选对话框下方的"PNG 序列"复选框，如图 2-35 所示。单击"导入"按钮，即可将素材以序列的形式导入，一般导入后的素材序列为动态文件，如图 2-36 所示。

图 2-35　选择素材序列　　　　　　　　　　　图 2-36　导入素材序列

> **提示：** 在 After Effects 中导入素材序列时，会自动生成一个序列文件，如果将该序列文件添加到"时间轴"面板中，可以看到该序列文件中每一个素材占据一帧的位置，如果该素材序列中共有 4 个素材，则该序列文件共有 4 帧。

2.4.2　导入 PSD 格式素材

在 After Effects 中，不分层的静态素材导入方法基本相同，但是想要做出丰富多彩的动效，单凭不分层的静态素材是不够的，我们通常会在专业的图像设计软件中设计效果图，再导入 After Effects 制作动效。

在 After Effects 中可以直接导入 PSD 或 AI 格式的分层文件，在导入过程中可以设置如何对文件中的图层进行处理，是将图层合并为单一的素材，还是保留文件中的图层。

执行"文件 > 导入 > 文件"命令，在弹出的"导入文件"对话框中选择一个需要导入的 PSD 文件，单击"导入"按钮，弹出设置对话框，如图 2-37 所示。在"导入种类"选项下拉列表中可以选择将 PSD 文件导入为哪种类型的素材，如图 2-38 所示。

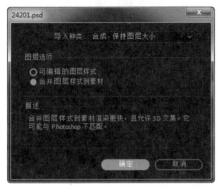

图 2-37　设置对话框

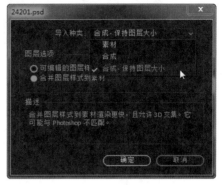

图 2-38　"导入种类"下拉列表

素材： 如果选择"素材"选项，可以选择将 PSD 文件中的图层合并后再导入为静态素材，或者选择 PSD 文件中某个指定的图层，将其导入为静态素材。

合成： 如果选择"合成"选项，则可以将所选择的 PSD 文件导入为一个合成文件，PSD 文件中的每个图层在合成文件中都是一个独立的图层，并且会将 PSD 文件中所有图层的尺寸统一为合成文件的尺寸。

合成 - 保持图层大小： 如果选择"合成 - 保持图层大小"选项，则可以将所选择的 PSD 文件导入为一个合成文件，PSD 文件的每一个图层都作为合成文件的一个单独图层，并保持它们原始的尺寸不变。

实战： 通过导入 PSD 格式的文件创建合成文件
源文件：源文件 \ 第 2 章 \2-4-2.aep　　视频：视频 \ 第 2 章 \2-4-2.mp4

扫码看视频

01．在 Photoshop 中打开设计好的 PSD 素材文件"源文件 \ 第 2 章 \ 素材 \24201.psd"，打开"图层"面板，可以看到该 PSD 文件中的相关图层，如图 2-39 所示。打开 After Effects，执行"文件 > 导入 > 文件"命令，在弹出的"导入文件"对话框中选择该 PSD 素材文件，如图 2-40 所示。

图 2-39　PSD 素材及图层

图 2-40　选择 PSD 素材文件

02．单击"导入"按钮，弹出设置对话框，在"导入种类"下拉列表中选择"合成 - 保持图层大小"选项，如图 2-41 所示。单击"确定"按钮，将该 PSD 素材文件导入为合成文件，在"项目"面板中可以看到自动创建的合成文件，如图 2-42 所示。

图 2-41　设置对话框　　　　　图 2-42　导入 PSD 素材后自动创建合成文件

> **提示：** 将 PSD 文件导入为合成文件时，After Effects 将会自动创建一个与 PSD 文件名称相同的合成文件和一个素材文件夹，该文件夹中的文件为所导入的 PSD 素材文件中每个图层上的图像素材。

03. 在"项目"面板中双击自动创建的合成文件，可以在"合成"窗口中看到该合成文件的效果与 PSD 素材的效果完全一致，如图 2-43 所示。并且在"时间轴"面板中可以看到图层与 PSD 文件中的图层是相对应的，如图 2-44 所示。

图 2-43　"合成"窗口　　　　　　　图 2-44　"时间轴"面板

04. 执行"文件 > 保存"命令，弹出"另存为"对话框，将该文件保存。

2.4.3　导入 AI 格式素材

导入 AI 格式的素材文件的方法与导入 PSD 格式的素材文件的方法基本相同，需要注意的是，所导入的 AI 格式的素材文件必须是包含多个图层的 AI 格式的文件，这样在导入时才可以将该 AI 格式的素材文件导入为合成文件，如果该 AI 格式的素材文件并没有分层，则导入 After Effects 后将是一个静态的矢量素材。

实战： 通过导入 AI 格式的文件创建合成文件
源文件：源文件 \ 第 2 章 \2-4-3.aep　　　视频：视频 \ 第 2 章 \2-4-3.mp4

扫码看视频

01. 在 Illustrator 中打开设计好的 AI 素材文件"源文件 \ 第 2 章 \ 素材 \24301.ai"，打开"图层"面板，可以看到该 AI 文件中的相关图层，如图 2-45 所示。打开 After Effects，执行"文件 > 导入 > 文件"命令，在弹出的"导入文件"对话框中选择该 AI 格式的素材文件，如图 2-46 所示。

图 2-45　AI 格式的素材及图层　　　　　图 2-46　选择需要导入的 AI 格式的素材文件

02. 单击"导入"按钮，弹出设置对话框，在"导入种类"下拉列表中选择"合成"选项，如图2-47所示。单击"确定"按钮，将该AI格式的素材文件导入为合成文件，在"项目"面板中可以看到自动创建的合成文件，如图2-48所示。

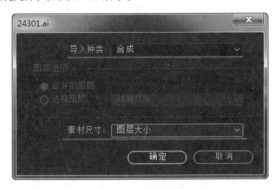

图 2-47　设置对话框

图 2-48　导入 AI 格式的素材

03. 在"项目"面板中双击自动创建的合成文件，可以在"合成"窗口中看到该合成文件的效果与AI格式的素材的效果完全一致，如图2-49所示，并且在"时间轴"面板中可以看到图层与AI格式的素材文件中的图层是相对应的，如图2-50所示。

图 2-49　"合成"窗口

图 2-50　"时间轴"面板

04. 执行"文件 > 保存"命令，弹出"另存为"对话框，将该文件保存。

2.4.4　素材的管理操作

完成导入素材的操作后，这些素材只是出现在"项目"面板中，如果想要进一步地对项目进行编辑，就需要对这些素材进行一些基本的操作。

1．添加素材

除了在导入时选择"合成"选项，导入为合成文件的PSD格式和AI格式的分层素材文件，其他导入的素材都只会出现在"项目"面板中，而不会应用到合成文件中，在动效制作过程中，可以将"项目"面板中的素材添加到合成文件中，然后制作其动画效果。

在项目文件中新建合成文件后，如果需要在该合成文件中使用相应的素材，可以将该素材从"项目"面板中拖入"合成"窗口，如图2-51所示，或者将该素材从"项目"

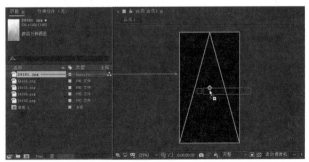

图 2-51　将素材拖入"合成"窗口

面板中拖到"时间轴"面板中的图层位置，如图 2-52 所示，释放鼠标左键即可在"合成"窗口中对所添加的素材进行编辑，在"时间轴"面板中可以制作该素材的动画效果。

2. 使用文件夹将素材归类

在使用 After Effects 编辑动画时，往往需要大量的素材，素材又可以分为很多种，包括静态图像素材、声音素材、合成文件素材等，我们可以分别创建相应的文件夹来放置不同类型的素材，从而方便在使用时快速查找，提高工作效率。

执行"文件 > 新建 > 新建文件夹"命令，即可在"项目"面板中新建一个文件夹，所新建的文件夹自动进入重命名状态，可以直接输入文件夹的名称，如图 2-53 所示。完

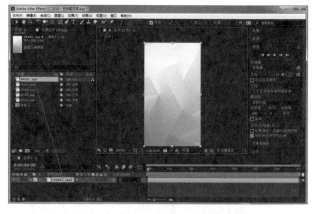

图 2-52　将素材拖入"时间轴"面板

成文件夹的新建后，可以在"项目"面板中选中一个或多个素材，将其拖入文件夹，如图 2-54 所示。

图 2-53　重命名文件夹

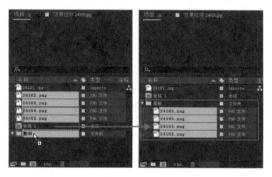

图 2-54　将素材拖入文件夹

3. 删除素材

对于多余的素材或文件夹，应该及时进行删除。删除素材或文件夹的方法很简单，选择需要删除的素材或文件夹，按 Delete 键即可将其删除；也可以选择需要删除的素材或文件夹，单击"项目"面板下方的"删除所选项目"按钮。

4. 替换素材

在 After Effects 中进行动效制作过程中，如果发现导入的素材不够精美或效果不理想，可以通过替换素材的方式来修改。

在"项目"面板中选择需要替换掉的素材，执行"文件 > 替换素材 > 文件"命令，或者在当前素材上单击鼠标右键，在弹出的菜单中执行"替换素材 > 文件"命令，如图 2-55 所示，在弹出的"替换素材文件"对话框中选择用于替换的素材，如图 2-56 所示，单击"导入"按钮，即可完成替换素材的操作。

图 2-55　执行"替换素材"命令

图 2-56　选择用于替换的素材

5. 查看素材

在 After Effects 中，导入的素材文件都被放置在"项目"面板中，在"项目"面板中的素材列表中选中某个素材，即可在该面板的预览区域中看到该素材的缩略图和相关信息，如图 2-57 所示。如果想要查看素材的大图效果，可以直接双击"项目"面板中的素材，系统将根据素材的类型进入不同的浏览模式。双击静态素材将打开"素材"面板，如图 2-58 所示；双击动态素材将打开对应的视频播放软件来预览。

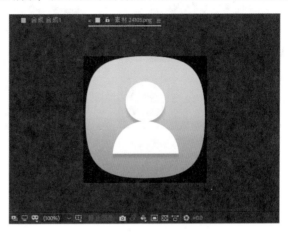

图 2-57　查看素材　　　　　　　　　　　　图 2-58　在"素材"面板中进行预览

2.4.5　嵌套合成文件

嵌套操作用于素材繁多的动效项目。例如，可以通过一个合成文件制作动效的背景，再使用另一个合成文件制作动效元素，最终将动效元素的合成文件添加到动效背景的合成文件中，对合成文件进行嵌套，便于对不同素材的管理与操作。

创建嵌套的合成文件有两种方法。

第 1 种方法： 将某个合成文件从"项目"面板中拖曳至"时间轴"面板中的图层中，将其作为素材添加到当前所制作的合成文件中，从而实现合成文件的嵌套，如图 2-59 所示。

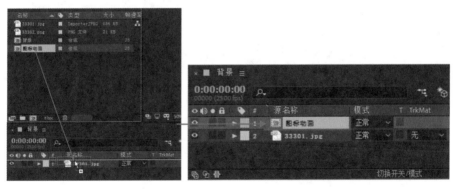

图 2-59　将合成文件拖入"时间轴"面板作为素材

第 2 种方法： 在"时间轴"面板中选择一个或多个图层，执行"图层 > 预合成"命令，弹出"预合成"对话框，对相关选项进行设置，如图 2-60 所示。单击"确定"按钮，即可将所选择的一个或多个图层创建为嵌套的合成文件，如图 2-61 所示。

"预合成"对话框中各选项说明如下。

"预合成名称"选项： 该选项用于设置所创建的新合成文件的名称。

"保留'背景'中的所有属性"选项： 将所有的属性、动画信息以及效果保留在当前的合成文件中，也就是对所选择的图层进行简单的嵌套处理，也就是说所创建的合成文件不会应用当前合成文件中的所有属性设置（"背景"为当前合成文件的名称）。

"将所有属性移动到新合成"选项： 如果选择该选项，则表示将当前合成文件的所有属性、动画信息以及效果都应用到新建的合成文件中。

"**将合成持续时间调整为所选图层的时间范围**"**选项**：勾选该复选框，则当创建新合成文件时会自动根据所选择的图层的时间范围来设置合成文件的持续时间。

"**打开新合成**"**选项**：勾选该复选框，则当创建新合成文件时自动打开所创建的新合成文件，进入该新合成文件的编辑状态。

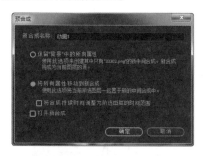

图 2-60　"预合成"对话框

图 2-61　将选择的图层创建为嵌套的合成文件

提示：在导入 PSD 或 AI 格式的素材文件时，如果所导入的素材图层中有相应的图层组，并且在导入时选择将该素材导入为一个合成文件，那么该 PSD 或 AI 格式的素材中的图层组会自动创建为嵌套的合成文件，合成文件名称为该图层组的名称。

2.5　认识"时间轴"面板

After Effects 中的"时间轴"面板中包含图层，但是图层只是"时间轴"面板中的一小部分。"时间轴"面板是在 After Effects 中进行动效制作的主要操作面板，在"时间轴"面板中可以对各种选项进行设置，从而制作出不同的动画效果。图 2-62 所示为 After Effects 中的"时间轴"面板。

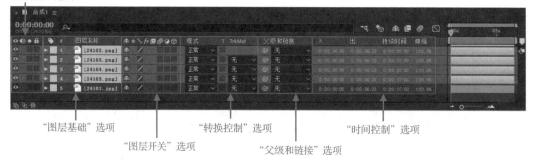

图 2-62　"时间轴"面板

2.5.1　"音频 / 视频"选项

通过"时间轴"面板中的"音频 / 视频"选项，如图 2-63 所示，可以对合成文件中的每个图层进行一些基础的控制。

"**视频**"**按钮** ：单击该按钮，可以在"合成"窗口中显示或者隐藏该图层上的内容。

"**音频**"**按钮** ：如果在某个图层上添加了音频素材，则该图层名称前会自动添加"音频"按钮，可以通过单击该图层的"音频"按钮，显示或隐藏该图层上的音频。

"**独奏**"**按钮** ：单击某个图层的该按钮，可以在"合成"窗口中只显示该图层中的内容，而隐藏其他所有图层中的内容。

"**锁定**"**按钮** ：单击某个图层的该按钮，可以锁定或取消锁定该图层内容，被锁定的图层将不能够操作。

图 2-63　"音频 / 视频"选项

2.5.2 "图层基础"选项

"时间轴"面板中的"图层基础"选项区中包含"标签""编号"和"图层名称"3个选项，如图 2-64 所示。

"标签"选项：在每个图层的该位置单击，可以在弹出的菜单中选择该图层的标签颜色，通过为不同的图层设置不同的标签颜色，可以有效区分不同的图层。

"编号"选项：从上至下顺序显示图层的编号，不可以修改。

"图层名称"选项：在该位置显示的是图层名称，图层名称默认为在该图层上所添加的素材的名称或者自动设置的名称，在图层名称上单击鼠标右键，在弹出的菜单中选择"重命名"选项，可以对图层进行重命名。

图 2-64 "图层基础"选项

2.5.3 "图层开关"选项

单击"时间轴"面板左下角的"展开或折叠'图层开关'窗格"按钮，可以在"时间轴"面板中的每个图层名称右侧显示相应的"图层开关"控制选项，如图 2-65 所示。

"消隐"按钮：单击"时间轴"面板中的"隐藏为其设置了'消隐'开关的所有图层"按钮，单击图层的"消隐"按钮，可以在"时间轴"面板中隐藏该图层。

"折叠变换 / 连续栅格化"按钮：仅当图层中的内容为嵌套合成或者矢量素材时，该按钮才可用。当图层内容为嵌套合成时，单击该按钮可以把嵌套合成看作是一个平面素材进行处理，忽略嵌套合成中的效果；当图层内容为矢量素材时，单击该按钮可以栅格化该图层，栅格化后的图层质量会提高而且渲染速度会加快。

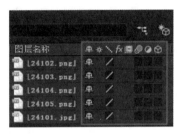

图 2-65 "图层开关"选项

"质量和采样"按钮：单击图层的"质量和采样"按钮，可以将该图层中的内容在"低质量"和"高质量"这两种显示方式之间切换。

"效果"按钮：如果为图层内容应用了效果，则该图层将显示"效果"按钮，单击该按钮，可以显示或隐藏为该图层所应用的效果。

"帧混合"按钮：如果为图层内容应用了帧混合效果，则该图层将显示"帧混合"按钮，单击该按钮，可以显示或隐藏为该图层所应用的帧混合效果。

"运动模糊"按钮：用于设置是否开启图层的运动模糊功能，默认情况下不开启图层的运动模糊功能。

"调整图层"按钮：单击该按钮，仅显示调整图层上所添加的效果，从而起到调整下方图层的作用。

"3D 图层"按钮：单击该按钮，可以将普通的 2D 图层转换为 3D 图层。

2.5.4 "转换控制"选项

单击"时间轴"面板左下角的"展开或折叠'转换控制'窗格"按钮，可以在"时间轴"面板中显示出每个图层的"转换控制"选项，如图 2-66 所示。

"模式"选项：在该选项下拉列表中可以设置图层的混合模式。

"保留基础透明度"选项：该选项用于设置是否保留图层的基础透明度。

"TrkMat"（轨道遮罩）选项：在该选项的下拉列表中可以设置当前图层与其上方图层的轨道遮罩方式，该选项下拉列表中包含 5 个选项，如图 2-67 所示。

没有轨道遮罩：该图层正常显示，不使用遮罩效果。该选项为默认选项。

图 2-66 "转换控制"选项

图 2-67 "TrkMat"选项下拉列表

Alpha 遮罩：利用素材的 Alpha 通道创建轨道遮罩。
Alpha 反转遮罩：反转素材的 Alpha 通道来创建轨道遮罩。
亮度遮罩：利用素材的亮度创建轨道遮罩。
亮度反转遮罩：反转素材的亮度来创建轨道遮罩。

2.5.5 "父级和链接"选项

父子链接是让图层与图层之间建立从属关系的一种功能，当对父对象进行操作的时候对子对象也会执行相应的操作，但对子对象执行操作的时候父对象不会发生变化。

在"时间轴"面板中有两种设置父子链接的方式。一种是拖动图层的  图标到目标图层，这样目标图层为该图层的父图层，而该图层为子图层；另一种方法是在图层的"父级和链接"选项下拉列表中选择一个图层作为该图层的父图层，如图 2-68 所示。

图 2-68　"父级和链接"选项

2.5.6 "时间控制"选项

单击"时间轴"面板左下角的"展开或折叠'入点'/'出点'/'持续时间'/'伸缩'窗格"按钮 ⬛，可以在"时间轴"面板中显示出每个图层的"时间控制"选项，如图 2-69 所示。

"入"选项：此处显示当前图层的入点时间。如果在此处单击，会弹出"图层入点时间"对话框，如图 2-70 所示，输入要设置为入点的时间，单击"确定"按钮，即可完成该图层入点时间的设置。

图 2-69　"时间控制"选项

"出"选项：此处显示当前图层的出点时间。如果在此处单击，会弹出"图层出点时间"对话框，如图 2-71 所示，输入要设置为出点的时间，单击"确定"按钮，即可完成该图层出点时间的设置。

图 2-70　"图层入点时间"对话框

图 2-71　"图层出点时间"对话框

> 提示：默认情况下，添加到"时间轴"面板中的素材都会持续与当前合成文件相同的时间，如果需要在某个时间点显示该图层中的内容，而在某个时间点隐藏该图层中的内容，则可以为该图层设置"入"和"出"选项，可以简单地理解为，"入"和"出"选项就相当于用来设置该图层内容在什么时间出现在合成文件中，什么时间在合成文件中隐藏该图层内容。

"持续时间"选项：显示当前图层上从入点到出点的时间范围，也就是起点到终点之间的持续时间。如果在此处单击，会弹出"时间伸缩"对话框，如图 2-72 所示，可以修改该图层中内容的持续时间。

"伸缩"选项：用于调整动画的时长，控制其播放速度以达到快放或者慢放的效果。如果在此处单击，会弹出"时间伸缩"对话框，如图 2-73 所示，可以修改该图层"拉伸因数"选项。该选项的默认值为 100%。如果大于 100%，则动画就会变慢；如果小于 100%，则会变快。

图 2-72　"时间伸缩"对话框

图 2-73　"时间伸缩"对话框

2.6 After Effects 中的图层

After Effects 中的图层类似于 Photoshop 中的图层，在制作动效的时候所有操作都必须在图层的基础上来完成，所不同的是 After Effects 中的图层包括多种类型，通过利用不同类型的图层来组织素材。将素材拖入"时间轴"面板时就形成了素材图层，通过调整"大小""位移"和"不透明度"等属性可以制作简单的动画；在灯光图层中可以对合成文件中的灯光进行调节，也可以制作出绚丽的灯光动画；利用文字图层可以在合成文件中输入文字、制作文字动画等。

2.6.1 认识不同类型的图层

After Effects 中有 10 种图层类型，分别为素材图层、文本图层、纯色图层、灯光图层、摄像机图层、空对象图层、形状图层、调整图层、Adobe Photoshop 文件图层和 MAXON CINEMA 4D 文件图层，下面对一些在动效制作过程中常使用的图层进行简单介绍。

1. 素材图层

素材图层是将外部的图像、音频、视频导入 After Effects，添加到"时间轴"面板中后自动生成的图层，可以通过设置"变换"属性达到移动、缩放、不透明度变化等效果，图 2-74 所示为新建的素材图层。

2. 文本图层

After Effects 中的文本图层能够在合成文件中添加相应的文字及文字动画，单击

图 2-74　素材图层

工具栏中的"横排文字工具"按钮或"直排文字工具"按钮，在"合成"窗口中单击并输入文字，在"时间轴"面板中会自动创建文本图层，如图 2-75 所示。创建文本图层后，可以在"字符"面板中对文字的大小、颜色、字体等属性进行设置，如图 2-76 所示，设置方法与 Photoshop 中的"字符"面板的相似。

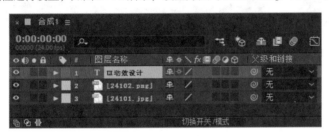

图 2-75　文本图层　　　　　　　　　　　　图 2-76　"字符"面板

3. 纯色图层

纯色图层在动效中主要用来制作蒙版效果，同时也可以作为承载编辑操作的图层，可以在纯色图层上制作各种效果。执行"图层 > 新建 > 纯色"命令，弹出"纯色设置"对话框，如图 2-77 所示。在对话框中完成相关选项的设置，单击"确定"按钮，即可以创建一个纯色图层，如图 2-78 所示。

图 2-77　"纯色设置"对话框　　　　　　　　图 2-78　新建纯色图层

4. 灯光图层

灯光图层用来模拟不同种类的真实光源，如家用电灯、舞台灯等。灯光图层中包含 4 种灯光类型，分

别为平行光、聚光、点光和环境光，不同的灯光类型可以营造出不同的灯光效果。

执行"图层 > 新建 > 灯光"命令，弹出"灯光设置"对话框，如图 2-79 所示。完成"灯光设置"对话框中相关选项的设置，单击"确定"按钮，即可创建一个灯光图层，如图 2-80 所示。灯光只对 3D 图层产生效果，因此需要添加光照效果的图层必须开启 3D 图层开关。

图 2-79 "灯光设置"对话框

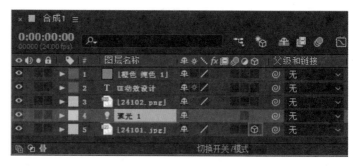

图 2-80 新建灯光图层

5. 摄像机图层

摄像机图层用于控制合成文件最后的显示角度，也可以通过为摄像机图层创建动画来制作一些特殊的效果。想要通过摄像机图层制作特殊效果就需要 3D 图层的配合，因此必须将图层上的 3D 图层开关打开。

执行"图层 > 新建 > 摄像机"命令，弹出"摄像机设置"对话框，如图 2-81 所示。完成"摄像机设置"对话框中相关选项的设置，单击"确定"按钮，即可创建一个摄像机图层，如图 2-82 所示。

图 2-81 "摄像机设置"对话框

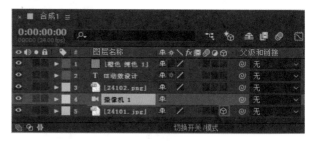

图 2-82 新建摄像机图层

6. 空对象图层

空对象图层是没有任何特殊效果的图层，它主要用于辅助动画的制作，以空对象图层为父图层建立父子链接后，可以控制多个图层的对象的运动，也可以通过修改空对象图层上的参数来同时修改多个子对象的参数，控制子对象的合成效果。

执行"图层 > 新建 > 空对象"命令，即可新建空对象图层，如图 2-83 所示。空对象图层在"合成"窗口中显示为一个颜色与该图层颜色相同的边框，如图 2-84 所示，但在输出时空对象图层是没有任何内容的。

图 2-83 新建空对象图层

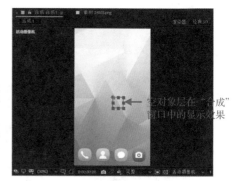

图 2-84 空对象图层的显示效果

技巧：如果需要为图层创建父子链接，可以在子图层上的"父子链接"按钮 上按住鼠标左键并将链接线指向父图层，或者在子图层上的"父子链接"按钮 后的下拉列表中选择父图层的名称。

7. 形状图层

形状图层是指使用 After Effects 中的各种矢量绘图工具绘制图形所得到的图层。想要创建形状图层，可以执行"图层 > 新建 > 形状"图层命令，创建一个空白的形状图层。也可以直接单击工具栏中的矩形工具、椭圆工具、钢笔工具等绘图工具，在"合成"窗口中绘制形状图形，同样可以得到形状图层，如图 2-85 所示。

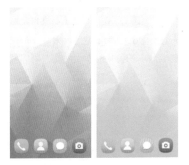

图 2-85 创建形状图层

8. 调整图层

调整图层是用于调整动画中的色彩或者特效的图层，在该图层上制作效果后可对该图层下方所有图层应用该效果，因此调整图层对控制动画的整体色调具有很重要的作用。

执行"图层 > 新建 > 调整图层"命令，即可新建一个调整图层，如图 2-86 所示。为调整图层添加相应的特效前后效果对比如图 2-87 所示。

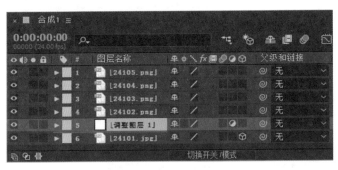

图 2-86 新建调整图层

图 2-87 为调整图层添加特效前后效果对比

2.6.2 图层的混合模式

After Effects 中的图层之间可以通过混合模式来实现一些特殊的融合效果。当某一图层使用混合模式的时候，会根据所使用的混合模式与下层图像进行相应的融合而产生特殊的效果。

在"时间轴"面板中单击"展开或折叠'转换控制'窗格"按钮 ，在"时间轴"面板中显示出"模式"控制选项，如图 2-88 所示。在"模式"选项的下拉列表中可以设置图层的混合模式，如图 2-89 所示。

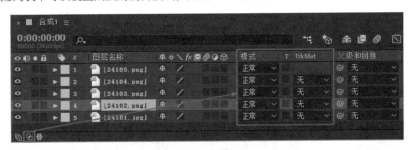

图 2-88 显示"模式"控制选项

"模式"下拉列表中的选项较多，许多混合模式选项与 Photoshop 中图层的混合模式选项相同，选择不同的混合模式选项，会使当前图层与其下方的图层产生不同的混合效果，默认的图层混合模式为"正常"。

图 2-89 下拉列表

实战：快速制作图片切换动效
源文件：源文件 \ 第 2 章 \2-6-2.aep   视频：视频 \ 第 2 章 \2-6-2.mp4

01. 在 Photoshop 中打开设计好的 PSD 素材文件"源文件 \ 第 2 章 \ 素材 \26201.psd"，打开"图层"面板，可以看到该 PSD 文件中的相关图层，如图 2-90 所示。打开 After Effects，执行"文件 > 导入 > 文件"命令，在弹出的"导入文件"对话框中选择该 PSD 素材文件，如图 2-91 所示。

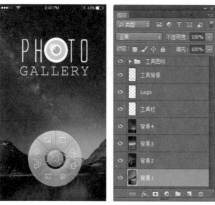

图 2-90　PSD 素材文件及图层　　　　　　　图 2-91　选择需导入的 PSD 素材

02. 单击"导入"按钮，弹出设置对话框，设置如图 2-92 所示。单击"确定"按钮，导入该 PSD 素材文件，在"项目"面板中可以看到自动创建的合成文件，如图 2-93 所示。

图 2-92　设置对话框　　　　　　　　图 2-93　导入 PSD 素材文件

提示：此处所导入的 PSD 格式的素材文件的图层中包含一个名称为"工具图标"的图层组，在将该 PSD 格式的素材导入 After Effects 并自动创建合成文件时，该 PSD 素材中的图层组也会自动创建为相应的合成文件，在"项目"面板中可以看到在素材文件夹中有名称为"工具图标"的合成文件。

03. 在"项目"面板中双击名称为"26201"的合成文件，在"合成"窗口中可以看到该合成文件的效果，如图 2-94 所示。在"时间轴"面板中可以看到该合成文件中的相关素材图层，将不需要制作动画的素材图层锁定，如图 2-95 所示。

图 2-94　"合成"窗口　　　　　　　　图 2-95　"时间轴"面板

04. 在"时间轴"面板中同时选中需要制作图片切换动画的"背景 1"至"背景 4"图层，如图 2-96 所示。执行"动画 > 关键帧辅助 > 序列图层"命令，弹出"序列图层"对话框，设置如图 2-97 所示。

图 2-96　选择多个图层

图 2-97　"序列图层"对话框

> **提示:** 在"序列图层"对话框中,通过不同的参数设置可以产生不同的图层过渡效果。选中"重叠"复选框,可以启用层重叠效果;"持续时间"选项用于设置图层重叠过渡效果的持续时间;"过渡"选项用于设置图层的重叠过渡方式,在该选项下拉列表中包含 3 个选项,分别是"关""溶解前景图层"和"交叉溶解前景和背景图层"。

05. 单击"确定"按钮,完成"序列图层"对话框中的参数的设置。在"项目"面板中的合成文件名称上单击鼠标右键,在弹出的菜单中选择"合成设置"选项,如图 2-98 所示。弹出"合成设置"对话框,修改"持续时间"为 20 秒,如图 2-99 所示。

06. 单击"确定"按钮,完成"合成设置"对话框中的参数的设置,"时间轴"面板如图 2-100 所示。

07. 将锁定的图层解锁,同时选中"工具栏""Logo"和"工具背景"

图 2-98　选择"合成设置"选项　　图 2-99　修改"持续时间"选项

这 3 个图层,将光标置于这 3 个图层持续时间的右侧,光标变为双向箭头,如图 2-101 所示。按住鼠标左键向右拖动鼠标,调整这 3 个图层内容的持续时间都为 20 秒,如图 2-102 所示。

图 2-100　"时间轴"面板

图 2-101　选择多个图层

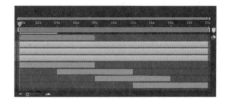

图 2-102　调整图层内容持续时间

08. 在"项目"面板上的"工具图标"合成文件上单击鼠标右键,在弹出的菜单中选择"合成设置"选项,弹出"合成设置"对话框,修改"持续时间"为 20 秒,如图 2-103 所示。在"时间轴"面板中双击嵌套的"工具图标"合成文件,可以进入该合成文件的编辑状态,如图 2-104 所示。

图 2-103　修改"持续时间"选项

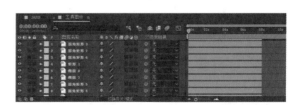

图 2-104　"工具图标"合成文件的"时间轴"面板

09. 使用相同的调整方法，调整"工具图标"合成文件中所有图层内容的持续时间为20秒，如图2-105所示。

> 提示：一般我们在开始制作动效之前，不知道该动效的持续时间有多长，所以在制作的过程中需要调整其持续时间。因为"工具图标"是嵌套的合成文件，所以该合成文件中内容的持续时间需要与主合成文件统一，否则在动效播放到一定时间后，可能看不到该合成文件中的内容，从而导致界面内容缺失。

10. 完成图片切换动效的制作，执行"文件 > 保存"命令，将文件保存为"源文件 \ 第 2 章 \2-6-2.aep"。单击"预览"面板上的"播放 / 停止"按钮▶，可以在"合成"窗口中预览动画效果，如图2-106所示。

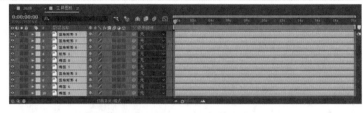

图 2-105 调整多个图层内容的持续时间

图 2-106 图片切换动效

> 提示：在 After Effects 中完成动效的制作后，还可以将动效渲染输出，关于渲染输出动效的方法将在本书第 4 章中进行详细的讲解。

2.7　本章小结

本章向读者介绍了 After Effects 软件的基础知识，包括 After Effects 的工作界面、After Effects 的基本操作、素材的导入与管理，并且详细介绍了"时间轴"面板的组成和各种不同类型的图层。本章所介绍的内容都属于 After Effects 软件的基础知识，这些也是后面我们使用 After Effects 软件制作动效的基础，读者需要熟练地掌握。

2.8　课后测试

完成对本章内容的学习后，接下来通过创新题，检测一下读者对 After Effects 基础操作的学习效果，同时加深读者对所学的知识的理解。

创新题

根据从本章所学习和了解到的知识，在 After Effects 中导入 PSD 格式的分层文件，具体要求和规范如下。

● 内容 / 题材 / 形式

PSD 格式的素材文件，文件中需要包含多个图层。

● 要求

在 After Effects 中导入 PSD 格式的素材文件，对相关的导入选项进行设置，将 PSD 格式的素材文件导入为合成文件。

第 3 章
基础关键帧动效制作

创建动画是 After Effects 软件主要的功能之一，通过在"时间轴"面板中为图层属性添加关键帧，可以制作出各种不同的动画效果。在本章中将向读者详细介绍 After Effects 中图层的基础属性以及关键帧动画的制作方法和技巧，使读者能够掌握基础关键帧动画的制作。

本章知识点
- 理解关键帧
- 掌握添加关键帧和编辑关键帧的方法
- 理解 5 种基础的变换属性
- 掌握使用变换属性制作基础动效的方法
- 掌握调整运动路径的方法
- 掌握图表编辑器的使用方法和技巧

3.1 了解关键帧

在使用 After Effects 制作动效的过程中，首先需要制作能够表现出主要意图的关键动作，这些关键动作所在的帧就叫作动画关键帧，理解和正确操作关键帧是使用 After Effects 制作动效的关键。

3.1.1 理解关键帧与关键帧动画

关键帧的概念来源于传统的动画片制作。人们看到的视频画面其实是一幅幅图像快速播放而产生的视觉欺骗效果，在早期的动画制作中，这些图像中的每一张都需要动画师绘制出来，如图 3-1 所示。

所谓关键帧动画，就是给需要动画效果的属性准备一组与时间相关的值，这些值都是从动画序列中比较关键的帧中提取出来的，而其他帧中的值可以使用这些关键值采用特定的插值方式计算得到，从而获得比较流畅的动画效果。

动画是基于时间的变化，如果图层的某个属性在不同时间发生不同的参数变化，并且被正确地记录下来，那么可以称这个动画为"关键帧动画"。

关键帧是组成动画的基本元素，关键帧的应用是制作动画的基础和关键。在 After Effects 的关键帧动画中，至少要通过两个关键帧才能产生作用，第 1 个关键帧表示动画的初始状态，第 2 个关键帧表示动画的结束状态，而中间的动态则由计算机通过插值计算得出。例如，可以在 0 秒的位置设置图层的"不透明度"属性为 0%，然后在 1 秒的位置设置该图层的"不透明度"属性为 100%，如果这个变化被正确地记录下来，那么图层就产生了"不透明度"属性在 0—1 秒内从 0% 到 100% 的变化。

图 3-1　传统动画中的每一帧图像

一个关键帧会包括以下信息内容。
- **属性：** 指的是图层中的哪个属性发生变化。
- **时间：** 指的是在哪个时间点确定的关键帧。
- **参数值：** 指的是当前时间点参数的数值是多少。
- **关键帧类型：** 关键帧之间的变化是线性的还是非线性的。
- **关键帧速率：** 关键帧之间的变化速率是多少。

3.1.2　关键帧的创建方法

在 After Effects 中，基本上每一个特效或属性都有一个对应的"时间变化秒表"按钮⏱，可以通过单击属性名称左侧的"时间变化秒表"按钮⏱，来激活关键帧功能。

在"时间轴"面板中选择需要添加关键帧的图层，展开该图层的属性列表，如图 3-2 所示。如果需要为某个属性添加关键帧，只需要单击该属性前的"时间变化秒表"按钮⏱，即可激活关键帧功能，并在当前时间位置插入一个该属性关键帧，如图 3-3 所示。

图 3-2　展开图层属性列表

图 3-3　插入属性关键帧

当激活该属性的关键帧后，在该属性的最左侧会出现 3 个按钮，分别是"转到上一个关键帧"◀、"添加或移除关键帧"◆和"转到下一个关键帧"▶。在"时间轴"面板中将"时间指示器"移至需要添加下一个关键帧的位置，单击"添加或移除关键帧"按钮◆，即可在当前时间位置插入该属性第 2 个关键帧，如图 3-4 所示。

如果再次单击该属性名称前的"时间变化秒表"按钮⏱，可以取消该属性关键帧的激活状态，为该属性添加的所有关键帧也会被同时删除，如图 3-5 所示。

图 3-4　添加属性关键帧

图 3-5　清除属性关键帧

提示： 为某个属性在不同的时间位置插入关键帧后，可以在属性名称的右侧修改所添加的关键帧的属性参数值，为不同的关键帧设置不同的属性参数值后，就能够形成关键帧之间的动画过渡效果。

3.2 关键帧的编辑操作

在使用 After Effects 制作动效的过程中，通常需要对关键帧进行一系列的编辑操作，下面将详细介绍关键帧的选择、移动、复制和删除操作的方法和技巧。

3.2.1 选择关键帧

在创建关键帧后，有时还需要对关键帧进行修改和设置操作，这时就需要选中需要编辑的关键帧。选择关键帧的方式有多种，下面分别进行介绍。

（1）在"时间轴"面板中直接单击某个关键帧图标，被选中的关键帧显示为蓝色，表示已经选中关键帧，如图 3-6 所示。

（2）在"时间轴"面板中的空白位置按住鼠标左键拖曳出一个矩形框，矩形框内的多个关键帧都将被同时选中，如图 3-7 所示。

（3）对于存在关键帧的某个属性，单击该属性名称，即可将该属性的所有关键帧全部选中，如图 3-8 所示。

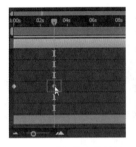

图 3-6　选择单个关键帧　　图 3-7　选择多个关键帧　　　　图 3-8　选择某个属性的全部关键帧

（4）配合 Shift 键可以同时选择多个关键帧，即按住 Shift 键不放，在多个关键帧上单击，可以同时选择多个关键帧。而对于已选择的关键帧，按住 Shift 键不放，再次单击，则可以取消选择。

3.2.2 移动关键帧

在 After Effects 中为了更好地控制动画效果，关键帧是可以随意移动的，可以单独移动一个关键帧，也可以同时移动多个关键帧。

如果想要移动单个关键帧，可以选中需要移动的关键帧，按住鼠标左键拖动关键帧到需要的位置，这样就可以移动关键帧，如图 3-9 所示。

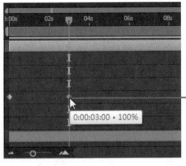

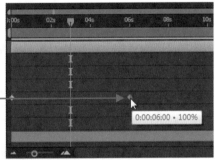

图 3-9　通过拖动移动关键帧

> **技巧：** 如果想要移动多个关键帧，可以按住 Shift 键，单击鼠标选中需要移动的多个关键帧，然后将其拖动至目标位置即可。

3.2.3 复制关键帧

在 After Effects 中制作动效时，经常需要重复设置关键帧参数，因此需要对关键帧进行复制粘贴的操作，这样可以大大提高创作效率，避免一些重复性的操作。

如果需要进行关键帧的复制操作，首先需要在"时间轴"面板中选中 1 个或多个需要复制的关键帧，如

图 3-10 所示。执行"编辑 > 复制"命令，即可复制所选中的关键帧，将"时间指示器"移至需要粘贴关键帧的位置，执行"编辑 > 粘贴"命令，即可将所复制的关键帧粘贴到以当前时间为起点的位置，如图 3-11 所示。

图 3-10　选择需要复制的关键帧

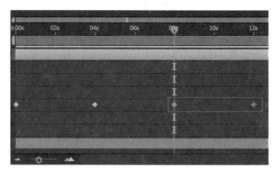

图 3-11　粘贴所复制的关键帧

当然也可以将复制的关键帧粘贴到其他的图层中，选中"时间轴"面板中需要粘贴关键帧的图层，展开该图层属性列表，将"时间指示器"移至需要粘贴关键帧的位置，执行"编辑 > 粘贴"命令，即可将所复制的关键帧粘贴到当前所选择的图层中，如图 3-12 所示。

> **提示：** 如果复制相同属性的关键帧，只需要选择目标图层就可以粘贴关键帧；如果复制的是不同属性的关键帧，需要选择目标图层的目标属性才能够粘贴关键帧。需要特别注意的是，如果粘贴的关键帧与目标图层上的关键帧在同一时间位置，将会覆盖目标图层上的关键帧。

图 3-12　粘贴所复制的关键帧

3.2.4　删除关键帧

在制作动画的过程中有时需要将多余的或者不需要的关键帧删除，删除关键帧的方法很简单，选中需要删除的单个或多个关键帧，执行"编辑 > 清除"命令，即可将选中的关键帧删除。

也可以选中多余的关键帧，直接按键盘上的 Delete 键，即可将所选中的关键帧删除；还可以在"时间轴"面板中将"时间指示器"移至需要删除的关键帧位置，单击该属性左侧的"添加或移除关键帧"按钮，即可将当前时间的关键帧删除，这种方法一次只能删除一个关键帧。

> **实战：** 制作火焰循环动效
> 源文件：源文件 \ 第 3 章 \3-2-4.aep　　　视频：视频 \ 第 3 章 \3-2-4.mp4

扫码看视频

01. 在 After Effects 中新建一个空白的项目，执行"合成 > 新建合成"命令，弹出"合成设置"对话框，对相关选项进行设置，如图 3-13 所示，单击"确定"按钮，新建合成文件。选择"矩形工具"，在工具栏中设置"填充"为 #3A210F，"描边"为无，在"合成"窗口中拖动光标绘制矩形，如图 3-14 所示。

图 3-13　设置"合成设置"对话框中的参数

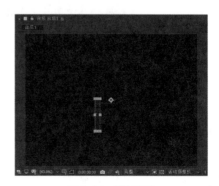

图 3-14　绘制矩形

技巧： 使用工具栏中的形状工具或者"钢笔工具"在"合成"窗口中绘制图形时，可以在工具栏中设置所需要绘制的形状图形的"填充""描边"和"描边宽度"选项，单击"填充"或"描边"文字，会弹出"填充选项"或"描边选项"对话框，可以设置填充或描边的类型、混合模式和不透明度。

02. 展开该图层下的"矩形1"选项下的"矩形路径1"选项，设置"大小"属性值为（15.0，150.0），"圆度"属性值为3，效果如图3-15所示。在"合成"窗口中选择该图形，使用"向后平移（锚点）工具"，调整该图形的锚点至该图形中心位置，如图3-16所示。

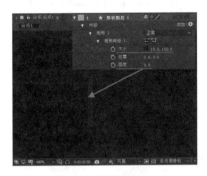

图3-15 设置属性

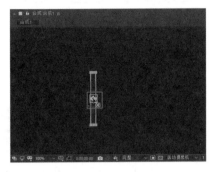

图3-16 调整图形锚点位置

03. 打开"对齐"面板，分别单击"水平居中对齐"和"垂直居中对齐"按钮，将该图形移动到合成文件的中心位置，如图3-17所示。展开该图层下的"矩形1"选项下的"变换：矩形1"选项，设置"旋转"属性值为65°，效果如图3-18所示。

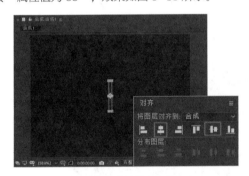

图3-17 将图形移动到合成文件中心

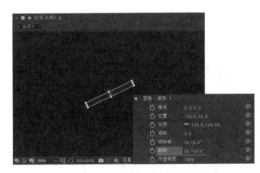

图3-18 设置"旋转"属性

04. 选择"形状图层1"下的"矩形1"选项，按组合键Ctrl+D，原位复制该图形得到"矩形2"选项，如图3-19所示。展开"矩形2"选项下的"变换：矩形2"选项，设置"旋转"属性值为-65°，效果如图3-20所示。

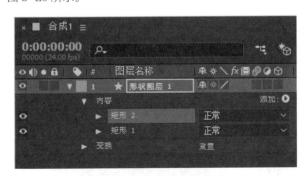

图3-19 原位复制图形

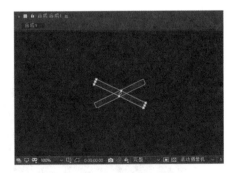

图3-20 旋转图形

05. 选择该图层中的"矩形2"图形，修改其填充颜色为#492B15，效果如图3-21所示。选择"形状图层1"，此时可以同时选中该图层中的两个矩形，在"合成"窗口中将图形竖直向下移至合适的位置，如图3-22所示。

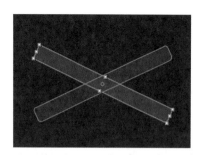

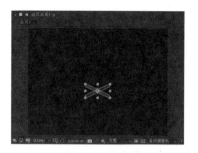

图 3-21　修改图形颜色　　　　　　　　图 3-22　移动图形

06. 不要选择任何对象，选择"矩形工具"，设置"填充"为 #FCDA1B，"描边"为无，在"合成"窗口中按住 Shift 键拖动光标绘制一个正方形，如图 3-23 所示。使用"向后平移（锚点）工具"，调整该图形的锚点至该图形中心位置，如图 3-24 所示。

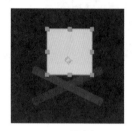

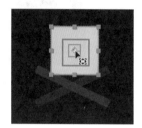

07. 打开"对齐"面板，分别单击"水平居中对齐"和"垂直居中对齐"按钮，将该图形移动到合成文件的中心位置，如图 3-25 所示。展开"形状图层 2"下的"矩形 1"选项下的"矩形路径 1"选项，设置"大小"属性值为（85.0，85.0），"圆度"属性值为 3，效果如图 3-26 所示。

图 3-23　绘制正方形　　　　图 3-24　调整图形锚点位置

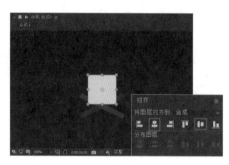

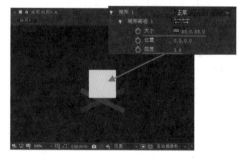

图 3-25　将图形移动到合成文件中心　　　　　　图 3-26　设置属性

08. 展开该图层下的"矩形 1"选项下的"变换：矩形 1"选项，设置"旋转"属性值为 45°，在"合成"窗口中将图形稍稍向上移动一些，效果如图 3-27 所示。将"时间指示器"移至初始位置，为"变换：矩形 1"选项中的"比例"和"位置"属性插入关键帧，为"填充 1"选项中的"颜色"属性插入关键帧，如图 3-28 所示。

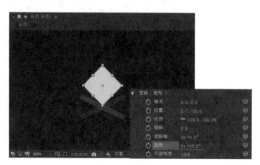

图 3-27　旋转并移动图形　　　　　　　图 3-28　插入属性关键帧

09. 选择"形状图层2",按快捷键U,在该图层下方只显示添加了关键帧的属性,如图3-29所示。将"时间指示器"移至1秒16帧的位置,分别单击"位置"和"比例"属性左侧的"添加或移除关键帧"按钮,在当前位置添加属性关键帧,如图3-30所示。

图 3-29 只显示添加了关键帧的属性　　　　　　　　图 3-30 添加关键帧

提示: 在"时间轴"面板中可以直接拖动"时间指示器"来调整时间的位置,但这种方法很难精确调整时间位置。如果需要精确调整时间位置,可以通过"时间轴"面板上的"当前时间"选项或者"合成"窗口中的"预览时间"选项输入精确的时间,在"时间轴"面板中跳转到所输入的时间位置。

10. 将"时间指示器"移至0秒的位置,设置"比例"属性值为0%,在"合成"窗口中将图形调整至合适的位置,如图3-31所示。将"时间指示器"移至3秒8帧的位置,设置"比例"为0%,"颜色"为#D9330C,在"合成"窗口中将图形向上移至合适的位置,如图3-32所示。

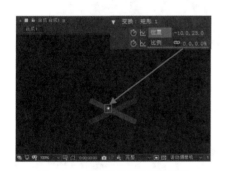

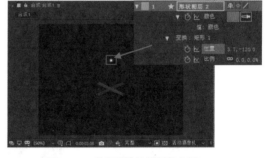

图 3-31 设置属性值并调整位置　　　　　　　　图 3-32 设置属性值并调整位置

11. 将"时间指示器"移至2秒7帧的位置,在"合成"窗口中将当前位置的图形稍稍向右移动一些,如图3-33所示。在"时间轴"面板中的空白位置按住鼠标左键拖动光标,同时选中该图层中"位置"和"比例"属性的所有关键帧,如图3-34所示。

12. 在任意一个关键帧上单击鼠标右键,在弹出的菜单中执行"关键帧辅助 > 缓动"命令,为所有选中的关键帧应用缓动效果,如图3-35所示。选择"形状图层2"下的"内容"选项中的"矩形1"选项,按组合键Ctrl+D,原位复制"矩形1"图形得到"矩形2"选项,如图3-36所示。

13. 选择"形状图层2",按快捷键U,在该图层下方只显示添加了关键帧的属性,在

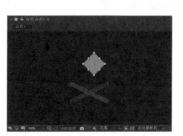

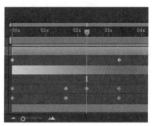

图 3-33 移动图形　　　　　　图 3-34 选中多个属性关键帧

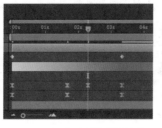

图 3-35 应用"缓动"效果　　　　　　图 3-36 原位复制图形

"时间轴"面板中按住鼠标左键拖动光标同时选中"矩形 2"选项的所有属性关键帧，如图 3-37 所示。将选中的关键帧向右拖动至以 0 秒 20 帧为起点的位置，如图 3-38 所示。

 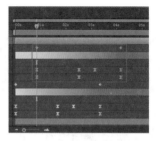

图 3-37　选中多个属性关键帧　　　　　　　　　　　　　图 3-38　移动关键帧

14. 将"时间指示器"移至 0 秒 20 帧的位置，修改"矩形 2"图形的"位置"属性，调整该关键帧的位置，如图 3-39 所示。将"时间指示器"移至 3 秒 3 帧的位置，在"合成"窗口中将该关键帧中的图形稍稍向左移动一些，如图 3-40 所示。

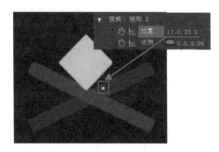 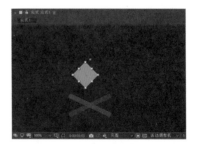

图 3-39　修改属性值并移动关键帧　　　　　　　　　　　图 3-40　移动图形

15. 选择"形状图层 2"，按组合键 Ctrl+D，原位复制该图层得到"形状图层 3"，如图 3-41 所示。按快捷键 U，只显示该图层中添加了关键帧的属性，在"时间轴"面板中拖动光标同时选中该图层中的所有属性关键帧，将选中的关键帧向右拖动至以 1 秒 16 帧为起点的位置，如图 3-42 所示。

图 3-41　原位复制图层　　　　　　　　　　　　　　　　图 3-42　选中并移动多个关键帧

16. 选择"形状图层 3"，按组合键 Ctrl+D，原位复制该图层得到"形状图层 4"，按快捷键 U，只显示该图层中添加了关键帧的属性，在"时间轴"面板中拖动光标同时选中该图层中的所有属性关键帧，将选中的关键帧向右拖动至以 3 秒 8 帧为起点的位置，如图 3-43 所示。

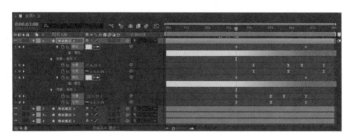

图 3-43　选中并移动多个关键帧

17. 同时选中"形状图层2""形状图层3"和"形状图层4"，将这3个图层移至"形状图层1"的下方，如图 3-44 所示。将"时间指示器"移至2秒8帧的位置，在"时间轴"面板中拖动时间轴上方的"工作区域开头"图标至2秒8帧的位置，如图 3-45 所示。

图 3-44　调整图层叠放顺序

图 3-45　调整工作区域开头位置

18. 将"时间指示器"移至4秒的位置，在"时间轴"面板中拖动时间轴上方的"工作区域结尾"图标至4秒的位置，如图 3-46 所示。

图 3-46　调整工作区域结尾位置

提示：在该动画中我们只需要实现火焰的循环效果，所以在这里只截取动画中完整的一段，通过调整"时间轴"面板中的"工作区域开头"和"工作区域结尾"，将动画的播放限制在所设置的区域范围之内，从而实现火焰的循环动效。

19. 完成该火焰循环动效的制作，执行"文件 > 保存"命令，将文件保存为"源文件 \ 第 3 章 \3-2-4. aep"。单击"预览"面板上的"播放 / 停止"按钮▶，可以在"合成"窗口中预览动画效果，如图 3-47 示。

图 3-47　火焰循环动效

3.3　基础"变换"属性

在图层左侧的小三角图标上单击，可以展开该图层的相关属性，素材图层默认包含"变换"属性，单击"变换"选项左侧的三角图标，可以看到"变换"属性包含了5个基础变换属性，分别是"锚点""位置""缩放""旋转"和"不透明度"，如图 3-48 所示。

图 3-48　5 个基础变换属性

3.3.1　"锚点"属性

"锚点"属性主要用来设置素材的中心点位置。素材的中心点位置不同，则当对素材进行缩放、旋转等操作时，所产生的效果也会不同。

默认情况下，素材的中心点位于素材图层的中心位置。选择某个图层，按快捷键 A，可以直接在该图层下方显示出"锚点"属性。如果需要修改锚点，只需要修改"锚点"属性后的坐标参数即可，如图 3-49 所示，也可以在选择当前图层的情况下，使用"向后平移（锚点）工具"　，在"合成"窗口中拖动调整该图层锚点的位置，如图 3-50 所示。

图 3-49　"锚点"属性　　　　　　　图 3-50　拖动调整图层锚点位置

> **技巧：** 在"合成"窗口中双击需要设置锚点位置的素材，进入"素材"窗口，使用"选取工具"直接移动锚点，也可以调整素材的中心点位置。

3.3.2　"位置"属性

"位置"属性用来控制素材在"合成"窗口中的相对位置，也可以通过该属性结合关键帧制作出素材移动的动效。

选择相应的图层，按快捷键 P，可以直接在所选择的图层下方显示出"位置"属性，如图 3-51 所示。修改"位置"属性的值或者在"合成"窗口中直接使用"选取工具"移动素材时，都是以素材锚点为基准进行移动的，如图 3-52 所示。

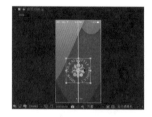

图 3-51　显示"位置"属性　　　　　　图 3-52　移动素材

扫码看视频

> **实战：** 制作背景图片滑动切换动效
> 源文件：源文件 \ 第 3 章 \3-3-2.aep　　视频：视频 \ 第 3 章 \3-3-2.mp4

01. 在 After Effects 中新建一个空白的项目，执行"文件＞导入＞文件"命令，在弹出的"导入文件"对话框中选择"源文件 \ 第 3 章 \ 素材 \33201.psd"，如图 3-53 所示。单击"导入"按钮，弹出设置对话框，设置如图 3-54 所示。

图 3-53　选择需要导入的 PSD 素材　　　　图 3-54　设置对话框

02. 单击"确定"按钮，导入 PSD 素材并自动生成合成文件，如图 3-55 所示。执行"文件 > 导入 > 文件"命令，在弹出的"导入文件"对话框中选择多个需要导入的素材图像，如图 3-56 所示。

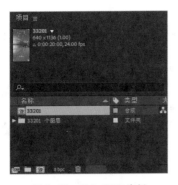

图 3-55　导入 PSD 素材　　　　图 3-56　选择需要导入的素材图像

03. 单击"导入"按钮，将选中的多个素材同时导入"项目"面板，如图 3-57 所示。双击"项目"面板中自动生成的合成文件，在"合成"窗口中打开该合成文件，如图 3-58 所示。

图 3-57　导入两张素材图像　　　　图 3-58　打开合成文件

04. 在"时间轴"面板中可以看到该合成文件中相应的图层，如图 3-59 所示。选择"背景"图层，按快捷键 P，显示该图层的"位置"属性，如图 3-60 所示。

图 3-59　合成文件中的图层　　　　图 3-60　显示"位置"属性

05. 将"时间指示器"移至 2 秒位置，单击"位置"属性前的"时间变化秒表"图标，插入该属性关键帧，如图 3-61 所示。将"时间指示器"移至 3 秒位置，在"合成"窗口中将该图层中的图像向左移至合适的位置，如图 3-62 所示。

图 3-61　插入"位置"属性关键帧　　　　图 3-62　移动图像

06. 在"时间轴"面板上 3 秒位置自动插入"位置"属性关键帧，如图 3-63 所示。将"时间指示器"移至 2 秒位置，将"33202.jpg"素材从"项目"面板中拖到"时间轴"面板中"背景"图层上方，在"合成"窗口中将该素材调整至合适的位置，如图 3-64 所示。

图 3-63　自动添加"位置"属性关键帧

图 3-64　拖入图像素材并调整位置

07. 选择"33202.jpg"图层，按快捷键 P，显示该图层的"位置"属性，单击该属性前的"时间变化秒表"图标，插入该属性关键帧，如图 3-65 所示。将"时间指示器"移至 3 秒位置，在"合成"窗口中将该图层中的图像向左移至合适的位置，如图 3-66 所示。

图 3-65　插入"位置"属性关键帧

图 3-66　移动图像

08. 将"时间指示器"移至 5 秒位置，在"时间轴"面板上单击"位置"属性前的"添加或移除关键帧"按钮◇，在该时间位置添加"位置"属性关键帧，如图 3-67 所示。将"时间指示器"移至 6 秒位置，在"合成"窗口中将该图层中的图像向左移至合适的位置，如图 3-68 所示。

图 3-67　添加属性关键帧

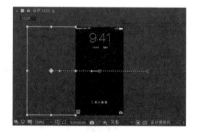

图 3-68　移动图像

09. 在 6 秒位置自动插入"位置"属性关键帧，如图 3-69 所示。将"时间指示器"移至 5 秒位置，将"33203.jpg"素材从"项目"面板中拖到"时间轴"面板中"33202.jpg"图层上方，在"合成"窗口中将该素材调整至合适的位置，如图 3-70 所示。

图 3-69　自动添加属性关键帧

图 3-70　拖入图像素材并调整位置

10. 选择"33203.jpg"图层，按快捷键 P，显示该图层的"位置"属性，单击该属性前的"时间变化秒表"图标，插入该属性关键帧，如图 3-71 所示。将"时间指示器"移至 6 秒位置，在"合成"窗口中将该图层中的图像向左移至合适的位置，如图 3-72 所示。

图 3-71 插入"位置"属性关键帧

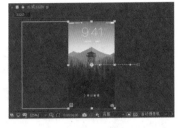

图 3-72 移动图像

11. 将"时间指示器"移至 8 秒位置，在"时间轴"面板上单击"位置"属性前的"添加或移除关键帧"按钮，在该时间位置添加"位置"属性关键帧，如图 3-73 所示。将"时间指示器"移至 9 秒位置，在"合成"窗口中将该图层中的图像向左移至合适的位置，如图 3-74 所示。

图 3-73 添加属性关键帧

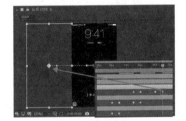

图 3-74 移动图像

12. 将"时间指示器"移至 8 秒位置，将"33201 个图层"文件夹中的"背景"素材从"项目"面板中拖到"时间轴"面板中"33203.jpg"图层上方，在"合成"窗口中将该素材调整至合适的位置，如图 3-75 所示。选择"背景 /33201.psd"图层，按快捷键 P，显示该图层的"位置"属性，单击"位置"属性前的"时间变化秒表"图标，插入该属性关键帧，如图 3-76 所示。

图 3-75 拖入素材图像并调整位置

图 3-76 插入"位置"属性关键帧

13. 将"时间指示器"移至 9 秒位置，在"合成"窗口中将该图层中的图像向左移至合适的位置，如图 3-77 所示。在"项目"面板上的"33201"合成文件上单击鼠标右键，在弹出的菜单中选择"合成设置"选项，在弹出的对话框中设置"持续时间"为 9 秒，如图 3-78 所示。

图 3-77 移动图像

图 3-78 修改"持续时间"选项

14. 单击"确定"按钮，完成"合成设置"对话框中的参数的设置。在"时间轴"面板中可以看到为相应图层制作的移动动画的关键帧，如图 3-79 所示。

图 3-79　"时间轴"面板

15. 完成该背景图片滑动切换动效的制作，执行"文件＞保存"命令，将文件保存为"源文件\第 3章\3-3-2.aep"。单击"预览"面板上的"播放 / 停止"按钮▶，可以在"合成"窗口中预览动画效果，如图 3-80 所示。

图 3-80　背景图片滑动切换动效

3.3.3　"缩放"属性

"缩放"属性可以设置素材的尺寸，通过该属性结合关键帧可以制作出素材缩放的动效。

选择相应的图层，按快捷键 S，可以在该图层下方显示出"缩放"属性，素材的缩放同样是以锚点的位置为基准的，可以直接通过修改"缩放"属性的值来修改素材的尺寸，如图 3-81 所示，也可以在"合成"窗口中直接选择"选取工具"，拖动素材四周的控制点来调整素材的尺寸，如图 3-82 所示。

图 3-81　显示"缩放"属性

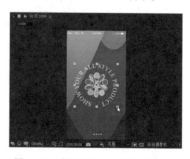

图 3-82　拖动控制点调整素材尺寸

3.3.4 "旋转"属性

"旋转"属性可以设置素材的旋转角度，通过该属性结合关键帧可以制作出素材旋转的动效。

选择相应的图层，按快捷键 R，可以直接在该图层下方显示出"旋转"属性，如图 3-83 所示。素材的旋转同样以锚点的位置为基准，可以直接修改"旋转"属性的值，也可以在"合成"窗口中选中需要旋转的素材，选择"旋转工具"，在素材上拖动光标来进行旋转操作，如图 3-84 所示。

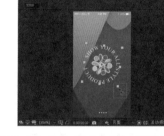

图 3-83　显示"旋转"属性　　　　　　图 3-84　使用"旋转工具"对素材进行旋转

3.3.5 "不透明度"属性

"不透明度"属性可以用来设置图层的不透明度，当不透明度值为 0% 时，图层中的对象完全透明，当数值为 100% 时，图层中的对象完全不透明。通过该属性结合关键帧可以制作出素材淡入淡出的动效。

选择相应的图层，按快捷键 T，可以直接在该图层下方显示出"不透明度"属性，如图 3-85 所示。修改"不透明度"属性值即可调整该图层的不透明度，效果如图 3-86 所示。

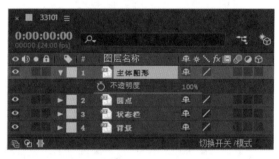

图 3-85　显示"不透明度"属性　　　　　图 3-86　设置素材的不透明度

实战： 制作 App 启动界面动效

源文件：源文件 \ 第 3 章 \3-3-5.aep　　　视频：视频 \ 第 3 章 \3-3-5.mp4

01. 在 After Effects 中新建一个空白的项目，执行"文件＞导入＞文件"命令，在弹出的"导入文件"对话框中选择"源文件 \ 第 3 章 \ 素材 \33501.psd"，如图 3-87 所示。单击"导入"按钮，弹出设置对话框，设置如图 3-88 所示。

扫码看视频

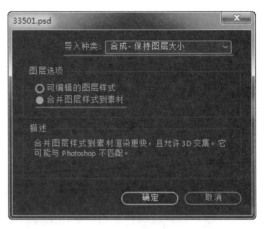

图 3-87 选择需要导入的 PSD 素材　　　　　　　　图 3-88 设置对话框

02. 单击"确定"按钮，导入 PSD 素材，自动生成合成文件，如图 3-89 所示。在该合成文件上单击鼠标右键，在弹出的菜单中选择"合成设置"选项，在弹出的对话框中设置"持续时间"为 3 秒，如图 3-90 所示。单击"确定"按钮，完成"合成设置"对话框中的参数的设置。

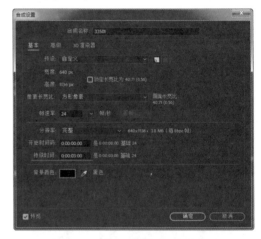

图 3-89 导入 PSD 素材　　　　　　　　图 3-90 修改"持续时间"选项

03. 双击"项目"面板中自动生成的合成文件，在"合成"窗口中打开该合成文件，如图 3-91 所示。在"时间轴"面板中可以看到该合成文件中相应的图层，如图 3-92 所示。

图 3-91 打开合成文件　　　　　　　　图 3-92 合成文件中的图层

04. 将"时间指示器"移至 0 秒的位置，同时选择"形状 1""形状 2"和"形状 3"图层，在"合成"窗口中将相应的图形向左移至合适的位置，如图 3-93 所示。选择"形状 2"图层，为"位置"和"不透明度"属性插入关键帧，并设置"不透明度"为 0%，按快捷键 U，在该图层下方只显示插入了关键帧的属性，如图 3-94 所示。

图 3-93　同时移动多个图形

图 3-94　只显示插入了关键帧的属性

05．将"时间指示器"移至 0 秒 12 帧的位置，设置"不透明度"为 100%，在"合成"窗口中将该图层中的图形向右移至合适的位置，如图 3-95 所示。将"时间指示器"移至 0 秒 3 帧的位置，选择"形状 3"图层，为"位置"和"不透明度"属性插入关键帧，并设置"不透明度"为 0%，如图 3-96 所示。

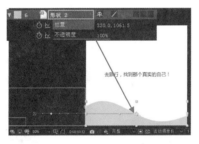

图 3-95　设置属性并移动图形

图 3-96　插入属性关键帧并设置属性值

06．将"时间指示器"移至 0 秒 7 帧的位置，设置"不透明度"为 100%，在"合成"窗口中将该图层中的图形向右移至合适的位置，如图 3-97 所示。将"时间指示器"移至 0 秒 6 帧的位置，选择"形状 1"图层，为"位置"和"不透明度"属性插入关键帧，并设置"不透明度"为 0%，如图 3-98 所示。

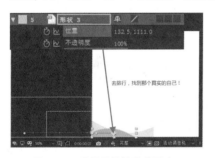

图 3-97　设置属性并移动图形

图 3-98　插入属性关键帧并设置属性值

07．将"时间指示器"移至 0 秒 18 帧的位置，设置"不透明度"为 100%，在"合成"窗口中将该图层中的图形向右移至合适的位置，如图 3-99 所示。将"时间指示器"移至 0 秒 12 帧的位置，选择"图标背景"图层，为"缩放""旋转"和"不透明度"属性插入关键帧，如图 3-100 所示。

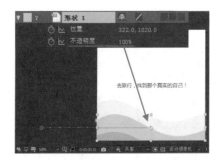

图 3-99　设置属性并移动图形

图 3-100　插入属性关键帧

08. 设置"缩放"属性值为0%，"不透明度"属性值为0%，效果如图3-101所示。将"时间指示器"移至1秒12帧的位置，设置"缩放"属性值为100%，"旋转"属性值为1x，"不透明度"属性值为100%，效果如图3-102所示。

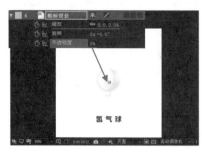

图3-101 设置属性后效果

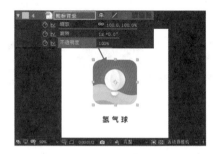

图3-102 设置属性后效果

09. 将"时间指示器"移至1秒12帧的位置，选择"气球"图层，为该图层插入"位置"和"不透明度"属性关键帧，如图3-103所示。在"合成"窗口中将该图层内容向下移至合适的位置，并设置其"不透明度"属性值为0%，效果如图3-104所示。

图3-103 插入属性关键帧

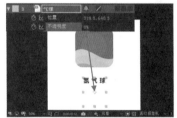

图3-104 移动图形并设置属性

10. 将"时间指示器"移至2秒12帧的位置，设置"不透明度"为100%，在"合成"窗口中将其向上移至合适的位置，如图3-105所示。将"时间指示器"移至2秒5帧的位置，选择"氢气球"文字图层，按快捷键T，显示该图层的"不透明度"属性，设置其值为0%，并插入该属性关键帧，如图3-106所示。

图3-105 设置属性并移动图形

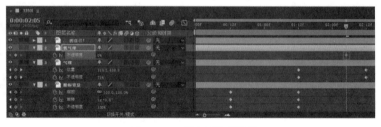

图3-106 插入属性关键帧

11. 将"时间指示器"移至2秒15帧的位置，设置其"不透明度"属性值为100%，效果如图3-107所示。使用相同的制作方法，完成最上方文字图层中动画效果的制作，同样设置其"不透明度"属性值从0%到100%变化，如图3-108所示。

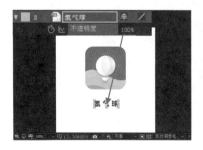

图3-107 设置属性

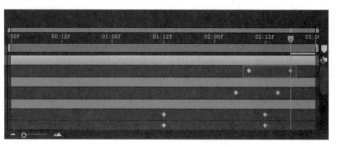

图3-108 "时间轴"面板

12. 完成该App启动界面动效的制作,在"时间轴"面板中可以看到为相应图层制作的动画的关键帧,如图3-109所示。

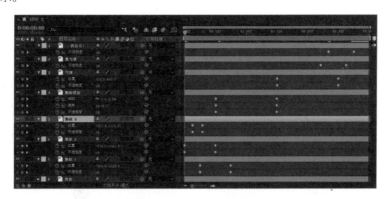

图3-109 "时间轴"面板

13. 执行"文件>保存"命令,将文件保存为"源文件\第3章\3-3-5.aep"。单击"预览"面板上的"播放/停止"按钮,可以在"合成"窗口中预览动画效果,如图3-110所示。

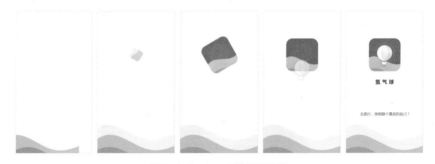

图3-110 App启动界面动效

3.4 运动路径

运动路径通常是指对象位置变化的轨迹,路径动画是我们常见的一种动画类型,在很多动画制作软件中使用曲线来控制动画的运动路径,而在After Effects中也是如此。在各种图层属性的关键帧动画中,除了"不透明度"属性的动画外,其他属性的动画都可以通过父子关系,实现不同图层中的对象产生相同的变化的效果。

3.4.1 将直线运动路径调整为曲线运动路径

在After Effects中制作的元素移动的关键帧动画,默认情况下移动的运动轨迹为直线,如图3-111所示。

图3-111 移动的默认运动轨迹为直线

如果需要将默认的直线运动路径调整为曲线运动路径，只需要选择"选取工具"，在"合成"窗口中拖动调整"位置"属性锚点的方向线，如图 3-112 所示，即可将直线运动路径修改为曲线运动路径，如图 3-113 所示。

图 3-112　拖动方向线　　　　　　　　　　图 3-113　将直线运动路径调整为曲线运动路径

如果希望获得更为复杂的曲线运动路径，可以选择"添加'顶点'工具"，在运动路径上合适的位置单击，添加锚点，如图 3-114 所示，再使用"选取工具"，对运动路径上的锚点和方向线进行调整，从而获得更为复杂的曲线运动路径，如图 3-115 所示。

图 3-114　添加锚点　　　　　　　　　　图 3-115　调整曲线运动路径

完成运动路径的调整后，单击"预览"面板上的"播放 / 停止"按钮，查看元素的运动轨迹，可以发现元素沿着设置好的曲线运动路径移动，如图 3-116 所示。

图 3-116　沿曲线运动路径移动

3.4.2　运动自定向

在播放动画时发现，虽然对象沿着调整好的曲线路径移动，但是对象的方向并没有随着曲线运动路径改变，这是因为"自动方向"对话框中的"自动方向"选项默认为"关"。

执行"图层 > 变换 > 自动定向"命令，弹出"自动方向"对话框，设置"自动方向"选项为"沿路径定向"，如图 3-117 所示。单击"确定"按钮，完成"自动方向"对话框中的参数的设置，可以使用"旋转工具"，将对象旋转至与运动路径的方向相同，如图 3-118 所示。

图 3-117　"自动方向"对话框　　　　图 3-118　调整对象的方向至与运动路径一致

再次播放动画，可以看到对象在沿着曲线路径运动的过程中，自身的方向也会随着路径的方向发生改变，如图 3-119 所示。

图 3-119　对象沿曲线运动路径运动并自动调整自身方向

实战：制作飞机飞行动效
源文件：源文件 \ 第 3 章 \3-4-2.aep　　　视频：视频 \ 第 3 章 \3-4-2.mp4

01. 在 After Effects 中新建一个空白的项目，执行"合成 > 新建合成"命令，弹出"合成设置"对话框，对相关选项进行设置，如图 3-120 所示，单击"确定"按钮，新建合成文件。执行"文件 > 导入 > 文件"命令，导入素材"34201.jpg"和"34202.png"，"项目"面板如图 3-121 所示。

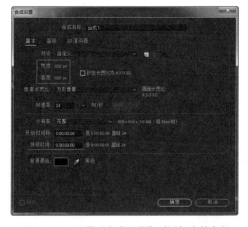

图 3-120　设置"合成设置"对话框中的参数　　　图 3-121　导入素材图像

02. 将"34201.jpg"素材从"项目"面板中拖入"时间轴"面板，并将该图层锁定，效果如图 3-122 所示。将"34202.png"素材从"项目"面板中拖入"时间轴"面板，在"合成"窗口中将其调整到合适的位置，如图 3-123 所示。

图 3-122　拖入素材图像

图 3-123　拖入素材图像并调整位置

03. 选择"34202.png"图层，确认"时间指示器"位于 0 秒的位置，展开该图层下的"变换"属性，为"位置"属性插入关键帧，如图 3-124 所示。按快捷键 U，在该图层下方只显示添加了关键帧的属性，如图 3-125 所示。

图 3-124　插入"位置"属性关键帧

图 3-125　只显示添加了关键帧的属性

技巧： 图层下默认的属性以及可添加的属性非常多，如果只是为其中的某几个属性插入了关键帧，并需要制作这几个属性的关键帧动画，那么把图层中的相关选项全部展开，非常麻烦。按快捷键 U，可以在所选择的图层下方只显示添加了关键帧的属性，非常方便。

04. 将"时间指示器"移至 1 秒的位置，在"合成"窗口中将该图层元素移至合适的位置，自动生成直线运动路径，如图 3-126 所示。将"时间指示器"移至 1 秒 20 帧的位置，在"合成"窗口中将该图层元素移至合适的位置，如图 3-127 所示。

图 3-126　移动元素生成直线运动路径

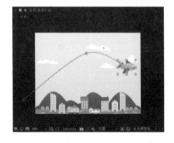
图 3-127　移动元素

05. 将"时间指示器"移至 2 秒 10 帧的位置，在"合成"窗口中将该图层元素移至合适的位置，如图 3-128 所示。将"时间指示器"移至 3 秒 10 帧的位置，在"合成"窗口中将该图层元素移至合适的位置，如图 3-129 示。

图 3-128　移动元素

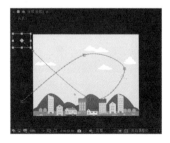
图 3-129　移动元素

06. 将"时间指示器"移至 4 秒 8 帧的位置，在"合成"窗口中将该图层元素移至合适的位置，如图 3-130 所示。将"时间指示器"移至 5 秒 10 帧的位置，在"合成"窗口中将该图层元素移至合适的位置，如图 3-131 所示。

图 3-130　移动元素

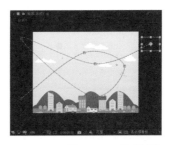
图 3-131　移动元素

07. 这样就完成了该元素移动动画的制作，"时间轴"面板如图 3-132 所示。

图 3-132　"时间轴"面板

08. 选择"转换'顶点'工具"，在元素运动路径的锚点上按住鼠标左键拖动，可以显示出锚点的方向线，如图 3-133 所示。拖动方向线，调整运动路径为合适的曲线运动路径，如图 3-134 所示。

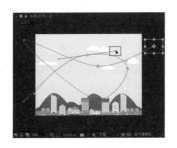
图 3-133　显示方向线

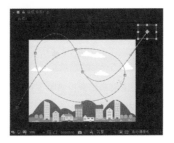
图 3-134　调整运动路径为合适的曲线运动路径

技巧： 在运动路径的调整过程中，除了可以选择"转换'顶点'工具"，拖出锚点的方向线，还可以选择"选取工具"，拖动调整锚点的位置，从而使曲线运动路径更加平滑。

09. 在"时间轴"面板中拖动光标同时选中"位置"属性中的所有关键帧，如图 3-135 所示。单击鼠标右键，在弹出的菜单中执行"漂浮穿梭时间"命令，如图 3-136 所示。

图 3-135　选中多个属性关键帧

图 3-136　执行"漂浮穿梭时间"命令

提示： "漂浮穿梭时间"的作用是根据所选择的关键帧中距离最近的两个关键帧的位置，自动调整所选择的关键帧在时间轴上的位置，从而使所选中的关键帧之间具有非常平滑的位置变化速率。可以简单地理解为，我们在制作移动动画的过程中，只需要确定起始关键帧和结束关键帧，而对起始关键帧与结束关键帧之间的关键帧时间位置并不需要太在意，只需要为其应用"漂浮穿梭时间"，即可获得平滑的位置变化速率。

10. 执行"漂浮穿梭时间"命令后，可以看到相应的关键帧变成了实心圆形，如图 3-137 所示。选择"34202.png"图层，执行"图层 > 变换 > 自动定向"命令，弹出"自动方向"对话框，设置"自动方向"选项为"沿路径定向"，如图 3-138 所示。

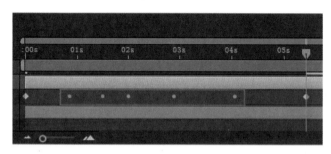

图 3-137　关键帧变为实心圆形　　　　　　　　　　图 3-138　"自动方向"对话框

11. 单击"确定"按钮，完成"自动方向"对话框中的参数的设置。此时，拖动"时间指示器"时可以看到元素沿曲线路径运动的效果，如图 3-139 所示。如果元素的方向不合适，可以使用"旋转工具"对元素进行旋转，调整元素的角度至符合曲线运动的方向，如图 3-140 所示。

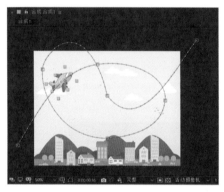

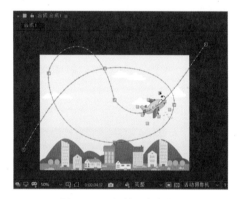

图 3-139　元素沿曲线路径移动　　　　　　　　　　图 3-140　调整元素方向

12. 完成飞机飞行动效的制作，执行"文件 > 保存"命令，将文件保存为"源文件 \ 第 3 章 \3-4-2 .aep"。单击"预览"面板上的"播放 / 停止"按钮 ▶，可以在"合成"窗口中预览动画效果，如图 3-141 所示。

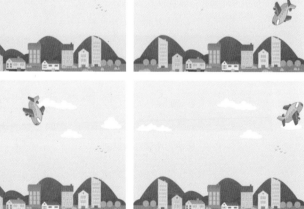

图 3-141　飞机飞行动效

3.5 图表编辑器

"图表编辑器"是 After Effects 在整合了以往版本的"速率图表"功能基础上提供的更强大、更丰富的动画控制功能模块，使用该功能，可以更方便地查看和设置属性值、关键帧、关键帧插值和速率等。

3.5.1 认识图表编辑器

单击"时间轴"面板上的"图表编辑器"按钮 ，即可将"时间轴"面板右侧的关键帧编辑区域切换为图表编辑器的状态，如图 3-142 所示。

图 3-142　图表编辑器状态

图表编辑器界面主要是以曲线图的形式显示所使用的效果和动画的改变情况。曲线图包括两方面的信息，一方面是属性的数值，另一方面是属性数值的变化速度。

"选择具体显示在图表编辑器中的属性"按钮 ：单击该按钮，可以在弹出的菜单中选择需要在图表编辑器中查看的属性选项，如图 3-143 所示。

"选择图表类型和选项"按钮 ：单击该按钮，可以在弹出的菜单中选择图表编辑器中所显示的图表类型以及需要在图表编辑器中显示的相关内容，如图 3-144 所示。

"选择多个关键帧时，显示'变换'框"按钮 ：该按钮默认为按下状态，在图表编辑器中同时选中多个关键帧时，将会显示变换框，可以对所选中的多个关键帧进行变换操作，如图 3-145 所示。

图 3-143　查看属性选项　　　图 3-144　图表类型选项　　　图 3-145　显示"变换"框

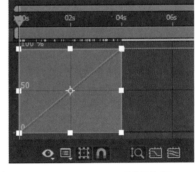

"对齐"按钮 ：该按钮默认为按下状态，表示在图表编辑器中进行关键帧的相关操作时会进行自动吸附对齐操作。

"自动缩放图表高度"按钮 ：该按钮默认为按下状态，表示将以曲线高度为基准自动缩放图表编辑器视图。

"使选择适于查看"按钮 ：单击该按钮，可以将被选中的关键帧自动调整到合适的视图范围中，便于查看和编辑。

"使所有图表适于查看"按钮 ：单击该按钮，可以自动调整视图，将图表编辑器中所有图表都显示在视图范围内。

"单独尺寸"按钮 ：单击该按钮，可以在图表编辑器中分别单独显示属性的不同控制选项。

"编辑选定的关键帧"按钮 ：单击该按钮，显示出关键帧编辑选项，与在关键帧上单击鼠标右键时所弹出的编辑选项相同，如图 3-146 所示。

图 3-146　关键帧编辑选项

"将选定的关键帧转换为定格"按钮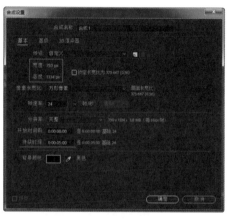：单击该按钮，可以使当前选择的关键帧保持现有的动画曲线。

"将选定的关键帧转换为'线性'"按钮：单击该按钮，可以将当前选择的关键帧前后控制手柄变成直线。

"将选定的关键帧转换为自动贝塞尔曲线"按钮：单击该按钮，可以将当前选择的关键帧前后控制手柄变成自动的贝塞尔曲线。

"缓动"按钮：单击该按钮，可以为当前选择的关键帧添加默认的缓动效果。

"缓入"按钮：单击该按钮，可以为当前选择的关键帧添加默认的缓入效果。

"缓出"按钮：单击该按钮，可以为当前选择的关键帧添加默认的缓出效果。

3.5.2　设置对象的缓动效果

在现实生活中，很多对象的运动过程并不是匀速的，而是由快到慢或者由慢到快变化的，在制作对象移动的动效时，为了使动效看起来更加真实，通常都需要为相应的关键帧应用缓动效果。同时，还可以进入图表编辑器状态，编辑该对象移动的速度曲线，从而使其运动速率由快到慢或者由慢到快变化，使移动动效更加真实。本小节我们将通过一个圆球的弹跳缓动动效来向读者介绍如何设置缓动效果，以及如何使用图表编辑器来编辑对象的运动速度曲线。

实战： 制作圆球弹跳缓动动效
源文件：源文件 \ 第 3 章 \3-5-2.aep　　　视频：视频 \ 第 3 章 \3-5-2.mp4

扫码看视频

01. 在 After Effects 中新建一个空白的项目，执行"合成 > 新建合成"命令，弹出"合成设置"对话框，对相关选项进行设置，如图 3-147 所示。单击"确定"按钮，新建合成文件。执行"文件 > 导入 > 文件"命令，导入素材"35201.jpg""35202.png"和"35203.png"，"项目"面板如图 3-148 所示。

图 3-147　设置"合成设置"对话框中的参数　　　　图 3-148　导入素材图像

02. 将"35201.jpg"素材从"项目"面板中拖入"时间轴"面板，将该图层锁定，如图 3-149 所示。选择"椭圆工具"，在工具栏中设置"填充"为白色，"描边"为无，在"合成"窗口中按住 Shift 键拖动光标，绘制一个正圆形，如图 3-150 所示。

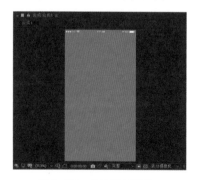

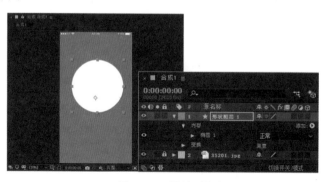

图 3-149　拖入素材图像　　　　　　　　图 3-150　绘制正圆形

After Effects 移动 UI 交互动效设计与制作（全彩慕课版）

03. 在"时间轴"面板中展开该形状图层下的"椭圆 1"选项下的"椭圆路径 1"选项，设置"大小"属性为 538，如图 3-151 所示。使用"向后平移（锚点）工具"，将图形的锚点调整至该正圆形的中心点位置，如图 3-152 所示。

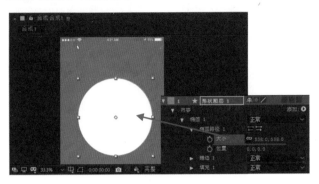

图 3-151 通过设置属性调整正圆形大小

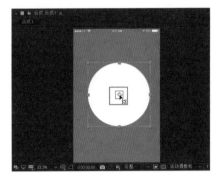

图 3-152 调整图形锚点位置

04. 打开"对齐"面板，单击"水平居中对齐"按钮，将该图形移动到合成文件的水平方向的中间位置，如图 3-153 所示。按组合键 Ctrl+R，在"合成"窗口中显示出标尺，从标尺中拖出参数线，确定图形降落的位置，如图 3-154 所示。

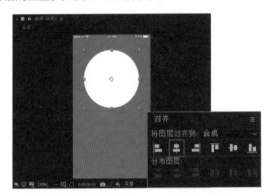

图 3-153 将图形移动到合成文件水平方向的中间位置

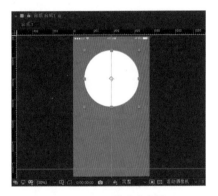

图 3-154 拖出参考线

提示：调整所绘制的图形锚点至图形的中心位置是因为后面需要对图形进行缩放等操作，图形的缩放、旋转等变换操作都是以锚点为中心进行的。拖入参考线主要是为了在后面制作动画的过程中方便确定图形下落的位置。

05. 确认"时间指示器"位于 0 秒位置，展开"内容"选项中"椭圆 1"选项中的"椭圆路径 1"选项，为"大小"属性插入关键帧，如图 3-155 所示。展开该图层的"变换"选项，为"位置"属性插入关键帧，如图 3-156 所示。

提示：在该图层中，主要制作的是该图层中所绘制的"椭圆 1"这个形状图形的"大小"属性动画效果，以及该形状图层整体的"位置"属性动画。注意，"大小"属性是针对该图层中指定的形状图形的，而"位置"属性是针对整个图层的。

图 3-155 插入"大小"属性关键帧

图 3-156 插入"位置"属性关键帧

06. 选择"形状图层1"，按快捷键U，在该图层下方只显示出添加了关键帧的属性，如图 3-157 所示。首先制作圆球下落的动画效果。将图形竖直向上移出场景，如图 3-158 所示。

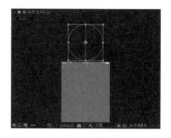

图 3-157　只显示添加了关键帧的属性　　　　　　图 3-158　移动图形

07. 将"时间指示器"移至 0 秒 14 帧的位置，在"合成"窗口中将图形向下移至合适的位置，如图 3-159 所示。将"时间指示器"移至 1 秒的位置，在"合成"窗口中将图形向上移至合适的位置，如图 3-160 所示。

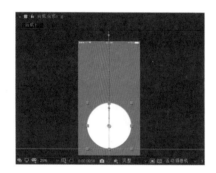
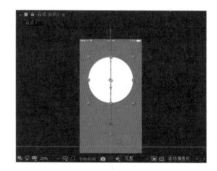

图 3-159　移动图形　　　　　　　　　　图 3-160　移动图形

08. 制作该图形下落弹起的动画。在"时间轴"面板中同时选中"位置"属性的 3 个关键帧，如图 3-161 所示。在关键帧上单击鼠标右键，在弹出的菜单中选择"关键帧辅助 > 缓动"命令，或者按快捷键 F9，为选中的关键帧应用"缓动"效果，如图 3-162 所示。

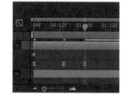

图 3-161　"时间轴"面板　　　　　　　图 3-162　应用"缓动"效果

09. 接下来需要在"图表编辑器"中调整图形落下的缓动效果。单击"时间轴"面板上的"图表编辑器"按钮 ，切换到图表编辑器的状态，如图 3-163 所示。单击"选择图表类型和选项"按钮 ，在弹出的菜单中选择"编辑速度图表"选项，再单击"使所有图表适于查看"按钮 ，使该部分图表充满整个面板，如图 3-164 所示。

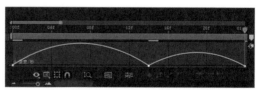

图 3-163　切换到图表编辑器状态　　　　　图 3-164　调整图表编辑器显示效果

10. 根据运动规律，对速度曲线进行调整。选中曲线锚点，显示黄色的方向线，拖动即可调整速度曲线，如图 3-165 所示。再次单击"图表编辑器"按钮，返回到"时间轴"面板，接下来制作该图形在下落过程中变形的动画效果。将"时间指示器"移至 0 秒 12 帧的位置，修改"大小"属性为（490.0，538.0），改变图形的形状，如图 3-166 所示。

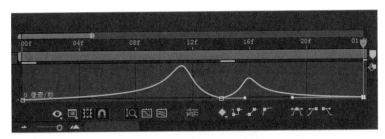

图 3-165　调整运动速度曲线

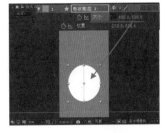

图 3-166　修改图形形状

11. 将"时间指示器"移至 0 秒 14 帧的位置，修改"大小"属性为（580.0，500.0），并将图形调整至合适的位置，如图 3-167 所示。选择"大小"属性起始位置的关键帧，按组合键 Ctrl+C 进行复制，将"时间指示器"移至 1 秒位置，按组合键 Ctrl+V，粘贴关键帧，效果如图 3-168 所示。

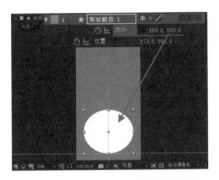

图 3-167　修改图形形状并调整位置

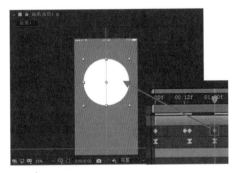

图 3-168　复制并粘贴属性关键帧

12. 在"时间轴"面板中同时选中"大小"属性的 4 个关键帧，如图 3-169 所示。按快捷键 F9，为这 4 个关键帧应用"缓动"效果，关键帧如图 3-170 所示。

图 3-169　同时选中多个关键帧

图 3-170　应用"缓动"效果

13. 将"时间指示器"移至 1 秒的位置，将"35202.png"素材从"项目"面板中拖入"时间轴"面板，并将其调整到合适的位置，如图 3-171 所示。选中"35202.png"图层，展开该图层的"变换"选项，为"缩放"和"不透明度"属性插入关键帧，如图 3-172 所示。

图 3-171　拖入素材图像并调整位置

图 3-172　插入属性关键帧

14. 按快捷键 U，只显示该图层中添加了关键帧的属性，设置"缩放"为 0，"不透明度"为 0%，效果如图 3-173 所示。将"时间指示器"移至 1 秒 18 帧的位置，设置"缩放"为 110%，"不透明度"为 100%，效果如图 3-174 所示。

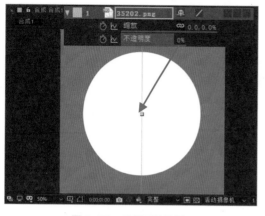

图 3-173　设置属性效果　　　　　　　　　　图 3-174　设置属性效果

15. 将"时间指示器"移至 1 秒 20 帧的位置，设置"缩放"为 100%，效果如图 3-175 所示。将"35203.png"素材从"项目"面板中拖入"时间轴"面板，并将其调整到合适的位置，如图 3-176 所示。

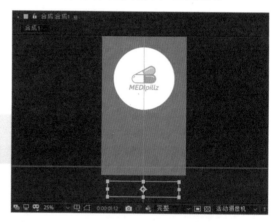

图 3-175　设置属性效果　　　　　　　　图 3-176　拖入素材图像并调整位置

16. 将"时间指示器"移至 1 秒 12 帧的位置，为"35203.png"图层的"位置"和"不透明度"属性插入关键帧，并设置"不透明度"属性值为 0%，如图 3-177 所示。将"时间指示器"移至 2 秒的位置，设置"不透明度"属性值为 100%，在"合成"窗口中将图形向上移至合适的位置，如图 3-178 所示。

图 3-177　插入属性关键帧并设置属性值　　　图 3-178　设置属性值并移动图形

17. 同时选中该图层"位置"属性的两个关键帧，按快捷键 F9，为其应用"缓动"效果，如图 3-179 所示。在"项目"面板上的合成文件上单击鼠标右键，在弹出的菜单中选择"合成设置"命令，弹出"合成设置"对话框，修改"持续时间"为 3 秒，如图 3-180 所示。单击"确定"按钮，完成"合成设置"对话框中的参数的设置。

图 3-179　应用"缓动"效果

图 3-180　修改"持续时间"选项

18. 完成圆球弹跳缓动动效的制作，执行"文件 > 保存"命令，将文件保存为"源文件 \ 第 3 章 \3-5-2. aep"。单击"预览"面板上的"播放 / 停止"按钮▶，可以在"合成"窗口中预览动画效果，如图 3-181 所示。

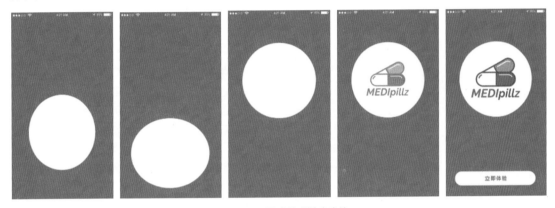
图 3-181　圆球弹跳缓动动效

3.6　本章小结

本章详细向读者介绍了 After Effects 中关键帧以及图层的基础变换属性的相关知识，并通过动效的制作使读者能够快速掌握关键帧动画的制作方法和技巧。关键帧是动效制作的基础，而基础的变换属性则是各种复杂动效的基础，所以读者需要熟练掌握本章中所介绍的相关知识，并能够制作出基础的关键帧动效。

3.7　课后测试

完成对本章内容的学习后，接下来通过创新题，检测一下读者对基础关键帧动效制作相关内容的学习效果，同时加深读者对所学的知识的理解。

创新题
根据从本章所学习和了解到的知识，设计制作一个图片淡入淡出切换动效，具体要求和规范如下。

● 内容 / 题材 / 形式
App 界面背景图片的淡入淡出切换动效。

● 设计要求
为背景图片素材添加"不透明度"属性关键帧，制作关键帧动画来实现图片淡入淡出动效。注意控制动效的时间，并且动效要求流畅。

第 4 章
蒙版动效制作与输出

添加蒙版是实现许多特殊效果的处理方式，在 After Effects 中通过添加蒙版与对蒙版属性的设置，能够制作出许多出色的蒙版动效。在本章中将向读者详细介绍 After Effects 中形状路径以及蒙版的创建方法和使用技巧。在 After Effects 中完成动效制作后，还需要将动效输出，虽然 After Effects 输出的是视频格式的动效文件，但是将其与 Photoshop 相结合，即可输出 GIF 格式的动效图片文件，满足交互设计师的需求。

本章知识点

- 了解形状路径
- 掌握形状路径的创建和属性设置方法
- 理解蒙版动效原理
- 掌握创建蒙版的方法
- 理解并掌握蒙版属性的设置
- 理解 After Effects 中的渲染输出选项
- 掌握将动效输出为视频格式的文件和 GIF 格式的文件的方法

4.1 形状的应用

在 After Effects 中使用形状工具可以很容易地绘制出矢量图形，并且可以为这些形状图形制作动效。使用形状工具绘制形状路径，通过设置形状路径的颜色和变形属性制作出各种形状的变形动效。在本节中将向读者介绍形状的创建与属性设置。

4.1.1 形状路径

使用形状工具可以绘制图形和路径等，如果绘制的路径是封闭的，可以将封闭的路径作为蒙版使用，在 After Effects 中形状工具常用于绘制路径和蒙版。

在 After Effects 中使用形状工具所绘制的形状和路径，以及使用文字工具输入的文字都是矢量图形，将这些图形放大 N 倍，仍然可以清楚地观察到图形的边缘是光滑平整的。

After Effects 中的形状和蒙版都是基于路径的概念。路径是由点和线构成的，线可以是直线也可以是曲线，线用来连接点，而点则定义了线的起点和终点。

在 After Effects 中，可以使用形状工具来绘制标准的几何形状路径，也可以使用"钢笔工具"来绘制复杂的形状路径，通过调整路径上的点或调整点的控制手柄，可以改变路径的形状，如图 4-1 所示。

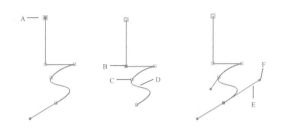

图 4-1　使用"钢笔工具"绘制的路径

A 为被选中的顶点，B 也为被选中的顶点，C 为未被选中的顶点，D 为曲线路径，E 为方向线，F 为方向手柄。

路径有两种顶点：平滑点和角点。在平滑点，路径段被连接成一条光滑的曲线，平滑点两侧的方向线在同一直线上。在角点处，路径突然更改方向，角点两侧的方向线在不同的直线上。用户可以使用平滑点和角点的任意组合绘制路径，如果绘制了错误种类的顶点，还可以使用"转换'顶点'工具"对其进行修改。

当移动平滑点的方向线时，会同时调整点两侧的曲线，如图 4-2 所示。相反，当移动角点的方向线时，只会调整方向线同侧的曲线，如图 4-3 所示。

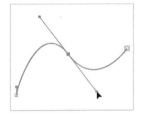

图 4-2　调整平滑点方向线

图 4-3　调整角点方向线

4.1.2　创建路径群组

在 After Effects 中，每条路径都是一个形状，而每个形状都包含"填充"和"描边"属性，这些属性都包含在形状图层的"内容"选项组中，如图 4-4 所示。

在实际工作中，有时需要绘制比较复杂的路径图形，这就至少需要绘制多条路径才能够完成操作，而一般制作图形动效是针对整个形状图形进行的。因此，如果需要为单独的路径制作动效，就会比较困难，这时候就需要使用形状路径的"群组"功能。

图 4-4　形状图层的"内容"选项组

如果需要为路径创建群组，可以同时选择多条需要创建群组的路径，执行"图层 > 组合形状"命令，或者按组合键 Ctrl+G，即可为选中的多条路径创建群组。

创建路径的群组后，选中的路径就会被归入创建的群组，另外，还会增加一个"变换: 组"属性，如图 4-5 所示。

如果需要解散路径群组，可以选中群组，执行"图层 > 取消组合形状"命令，或按组合键 Ctrl+Shift+G。

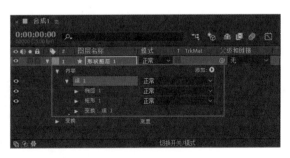

图 4-5　路径群组

4.1.3　设置形状路径属性

在"合成"窗口中绘制一条形状路径之后，可以在该形状图层下的"内容"选项右侧单击"添加"按钮 ，在弹出的菜单中可以选择为该形状路径添加的属性，如图4-6所示。

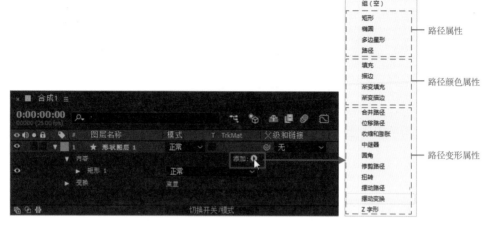

图4-6　添加形状路径属性

路径属性： 选择"矩形""椭圆""多边星形"选项，即可在当前形状路径中添加一条相应的子路径；如果选择"路径"选项，可以切换到"钢笔工具"，可以在当前形状路径中绘制一条不规则的子路径。

路径颜色属性： 包含"填充""描边""渐变填充"和"渐变描边"4种，其中"填充"属性主要用来设置形状路径内部的填充颜色，"描边"属性用来设置路径描边颜色，"渐变填充"属性用来设置形状路径内部的渐变填充颜色，"渐变描边"属性用来为路径设置渐变描边颜色，效果如图4-7所示。

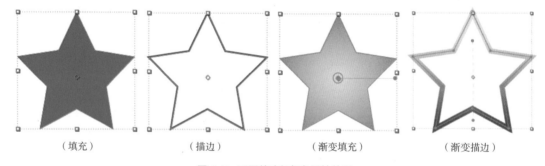

（填充）　　　　　（描边）　　　　　（渐变填充）　　　　　（渐变描边）

图4-7　不同的路径颜色属性效果

路径变形属性： 路径变形属性可以对当前所选择的路径或者路径群组中的所有路径起作用，另外，可以对路径变形属性进行复制、剪切、粘贴等操作。

1. 合并路径

该属性主要针对路径群组，为一个路径群组添加该属性后，可以运用特定的运算方法将群组中的路径合并起来。为路径群组添加"合并路径"属性后，可以为路径群组设置4种不同的模式，效果如图4-8所示。

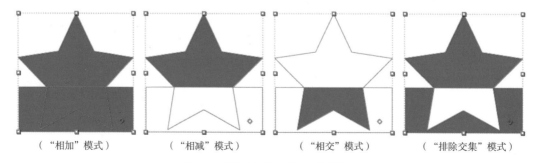

（"相加"模式）　　　（"相减"模式）　　　（"相交"模式）　　　（"排除交集"模式）

图4-8　合并路径的4种不同模式效果

2．位移路径

使用该属性可以对原始路径进行缩放操作，当数量值为正值时，将会使路径向外扩展，当数量值为负值时，将会使路径向内收缩，如图 4-9 所示。

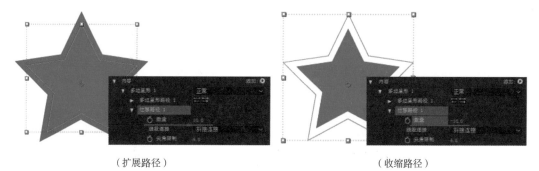

（扩展路径）　　　　　　　　　　　　　　（收缩路径）

图 4-9　位移路径效果

3．收缩和膨胀

使用该属性可以使原形状路径中向外凸起的部分向内凹陷，向内凹陷的部分往外凸起，如图 4-10 所示。

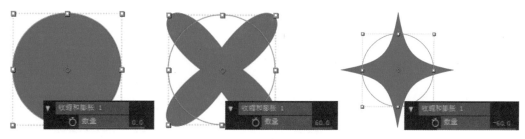

图 4-10　形状路径的收缩和膨胀效果

4．中继器

使用该属性可以复制一条形状路径，然后为每个复制得到的对象应用指定的变换属性，如图 4-11 所示。

5．圆角

使用该属性可以对形状路径中尖锐的角进行圆角化处理，如图 4-12 所示。

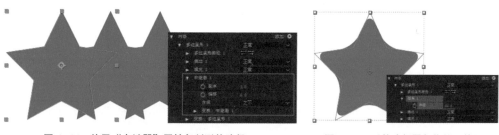

图 4-11　使用"中继器"属性复制形状路径　　　图 4-12　形状路径圆角化处理效果

6．修剪路径

为形状路径添加该属性，并配合该属性值的设置可以制作出形状路径的修剪动效，如图 4-13 所示。

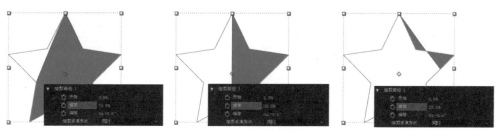

图 4-13　形状路径修剪效果

7. 扭转

使用该属性可以以形状路径的中心为圆心来对形状路径进行扭曲操作，当设置"角度"属性值为正值时，可以使形状路径按照顺时针方向扭曲，如图 4-14 所示；当设置"角度"属性值为负值时，可以使形状路径按逆时针方向扭曲，如图 4-15 所示。

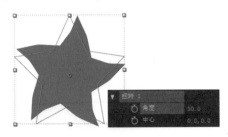

图 4-14　形状路径按顺时针方向扭曲

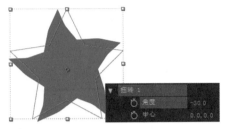

图 4-15　形状路径按逆时针方向扭曲

8. 摆动路径

该属性可以将形状路径变成具有各种效果的锯齿状形状路径，并且会自动记录下动画，如图 4-16 所示。

9. Z 字形

该属性可以将形状路径变成具有统一规律的锯齿状形状路径，如图 4-17 所示。

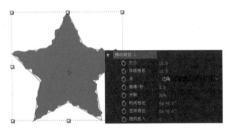

图 4-16　摆动路径效果

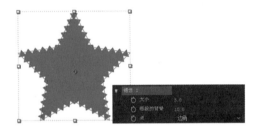

图 4-17　添加"Z 字形"属性效果

实战：制作简单的圆环 Loading 动效
源文件：源文件 \ 第 4 章 \4-1-3.aep　　　视频：视频 \ 第 4 章 \4-1-3.mp4

扫码看视频

01. 新建一个空白的项目，执行"合成 > 新建合成"命令，弹出"合成设置"对话框，对相关选项进行设置，如图 4-18 所示，单击"确定"按钮，新建合成文件。执行"文件 > 导入 > 文件"命令，导入素材"源文件 \ 第 4 章 \ 素材 \41401.jpg"，如图 4-19 所示。

图 4-18　设置"合成设置"对话框中的参数

图 4-19　导入素材图像

02. 将"41401.jpg"素材从"项目"面板中拖入"时间轴"面板，并将该图层锁定，在"合成"窗口中可以看到该素材效果，如图 4-20 所示。选择"椭圆工具"，在工具栏中设置"填充"为无，"描边"为 #3B3B3B，"描边宽度"为 12 像素，在"合成"窗口中按住 Shift 键拖动光标绘制正圆形，如图 4-21 所示。

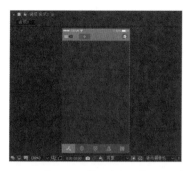
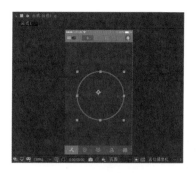

图 4-20　拖入素材图像　　　　　　　　　图 4-21　绘制正圆形

03. 使用"向后平移（锚点）工具"，调整刚绘制的正圆形的锚点至图形中心位置，如图 4-22 所示。使用"选取工具"选择该正圆形，打开"对齐"面板，单击"水平居中对齐"和"垂直居中对齐"按钮，将其移动到合成文件的中间位置，如图 4-23 所示。

图 4-22　调整图形锚点位置　　　　　图 4-23　将图形移动到合成文件的中心位置

04. 选择"形状图层 1"，按组合键 Ctrl+D，原位复制该图层得到"形状图层 2"，将"形状图层 1"锁定，如图 4-24 所示。选择"形状图层 2"下的"内容"选项中的"椭圆 1"选项，单击"内容"选项右侧的"添加"按钮，在弹出的菜单中选择"渐变描边"选项，为"椭圆 1"添加"渐变描边"属性，如图 4-25 所示。

图 4-24　原位复制形状图层　　　　　　图 4-25　添加"渐变描边"属性

05. 展开"椭圆 1"选项中的"渐变描边 1"选项，单击"颜色"属性右侧的"编辑渐变"文字链接，弹出"渐变编辑器"对话框，设置渐变颜色，如图 4-26 所示，单击"确定"按钮，完成渐变颜色的设置。对"渐变描边 1"选项中的其他属性进行设置，在"合成"窗口中可以看到该圆环图形的效果，如图 4-27 所示。

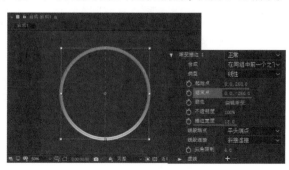

图 4-26　设置渐变颜色　　　　　　图 4-27　为图形描边效果应用渐变颜色

技巧： 除了可以在"渐变描边 1"选项下通过"起始点"和"结束点"选项来精确地控制渐变填充的起始和结束位置之外，还可以在图形上通过拖动渐变起始点和结束点的方式来调整渐变填充效果。在图形上渐变的起始点和结束点表现为实心小圆点，并且中间以虚线相连。

06. 选择"形状图层 2"，执行"图层 > 图层样式 > 外发光"命令，添加"外发光"图层样式，对相关属性进行设置，如图 4-28 所示。在"合成"窗口中可以看到该圆环图形的效果，如图 4-29 所示。

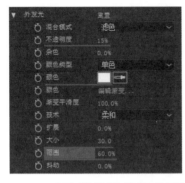

图 4-28　设置"外发光"样式相关属性

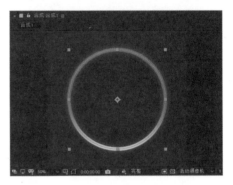

图 4-29　应用"外发光"样式效果

07. 选择"形状图层 2"，单击该图层下的"内容"选项右侧的"添加"按钮，在弹出的菜单中选择"修剪路径"选项，添加"修剪路径"属性，如图 4-30 所示。将"时间指示器"移至 0 秒的位置，设置"修剪路径 1"选项中的"结束"属性为 0%，并为该属性插入关键帧，如图 4-31 所示。

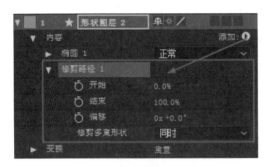

图 4-30　添加"修剪路径"属性

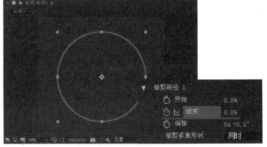

图 4-31　设置属性值并插入属性关键帧

08. 将"时间指示器"移至 4 秒的位置，设置"修剪路径 1"选项中的"结束"属性为 100%，效果如图 4-32 所示。将"时间指示器"移至 0 至 4 秒之间的任意位置，可以看到路径的端点表现为平头的效果，如图 4-33 所示。

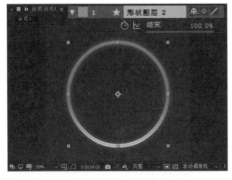

图 4-32　设置属性值

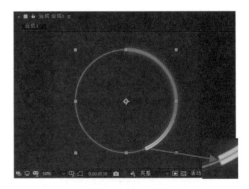

图 4-33　路径端点默认为平头效果

09. 展开该图层下的"椭圆 1"选项中的"渐变描边 1"选项，设置"线段端点"属性为"圆头端点"，将路径端点设置为圆头端点，如图 4-34 所示。执行"图层 > 新建 > 纯色"命令，弹出"纯色设置"对话框，设置如图 4-35 所示。单击"确定"按钮，新建纯色图层。

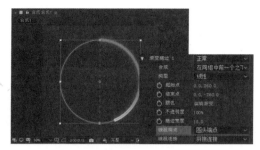

图 4-34 设置路径端点效果

图 4-35 "纯色设置"对话框

10. 选择新建的纯色图层，将"时间指示器"移至起始位置，执行"效果 > 文本 > 编号"命令，弹出"编号"对话框，设置如图 4-36 所示。单击"确定"按钮，为其应用"编号"效果，在"合成"窗口中可以看到自动生成的编号文字，如图 4-37 所示。

图 4-36 设置"编号"对话框中的参数

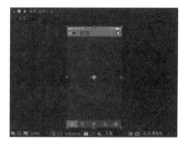

图 4-37 自动生成编号文字

11. 在打开的"效果控件"面板中对相关选项进行设置，如图 4-38 所示。在"合成"窗口中可以看到为纯色图层应用"编号"效果后得到的编号文字效果，将其调整至合适的位置，如图 4-39 所示。

图 4-38 设置"编号"相关属性

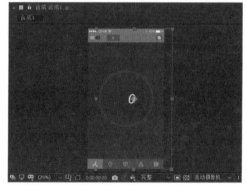

图 4-39 编号文字效果

12. 将"时间指示器"移至 0 秒位置，展开纯色图层下的"效果"选项中的"编号"选项中的"格式"选项，为"数值 / 位移 / 随机最大"属性插入关键帧，如图 4-40 所示。将"时间指示器"移至 4 秒位置，设置"数值 / 位移 / 随机最大"属性值为 100，自动在当前位置为该属性插入关键帧，"合成"窗口如图 4-41 所示。

图 4-40 插入属性关键帧

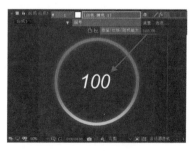

图 4-41 设置属性值

13. 选择"横排文字工具",在"合成"窗口中合适的位置单击并输入文字,在"字符"面板中对文字的相关属性进行设置,效果如图 4-42 所示。完成该动效的制作,"时间轴"面板如图 4-43 所示。

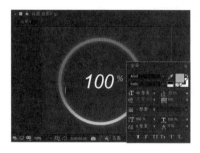

图 4-42　输入文字

图 4-43　"时间轴"面板

14. 执行"文件 > 保存"命令,弹出"另存为"对话框,将该文件保存为"源文件 \ 第 4 章 \4-1-4 .aep"。单击"预览"面板上的"播放 / 停止"按钮▶,可以在"合成"窗口中预览动画效果,如图 4-44 所示。

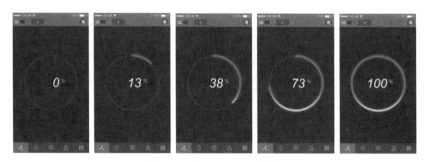

图 4-44　圆环 Loading 动效

4.2　创建蒙版动效

蒙版主要用来制作背景的镂空、透明效果和图像之间的平滑过渡等。蒙版有多种形状,在 After Effects 的工具栏中,可以利用相关的形状工具和路径工具来创建,如矩形、椭圆和钢笔工具。本节将详细介绍蒙版动效的相关知识和制作方法。

4.2.1　蒙版动效原理

蒙版的原理就是通过蒙版中的图形或轮廓,透出下面图层中的内容。通俗一点说,蒙版就像是上面挖了一个洞的一张纸,而蒙版图像就是透过蒙版上面的洞所观察到的事物。就像一个人拿着一个望远镜向远处眺望,在这里,望远镜就可以看成蒙版,而看到的事物就是蒙版下方的图像。

一般来说,制作蒙版需要两个图层,而在 After Effects 软件中,可以在一个素材图层上绘制形状轮廓来制作蒙版,虽然看上去是一个图层,但读者可以将其理解为两个图层:一个为形状轮廓图层,即蒙版图层;另一个是被蒙图层,即蒙版下面的素材图层。

蒙版图层的轮廓形状决定着看到的图像形状,而被蒙图层决定着看到的内容。当为某个对象创建了蒙版后,位于蒙版范围内的区域是可以被显示的,而位于蒙版范围以外的区域将不被显示,因此,蒙版的轮廓形状和范围也就决定了所看到的图像的形状和范围,如图 4-45 所示。

图 4-45　添加圆形蒙版前后的效果

提示： After Effects 中的蒙版是由线段和控制点构成的，线段是连接两个控制点的直线或曲线，控制点定义了每条线段的开始点和结束点。路径可以是开放的也可以是闭合的，开放路径有着不同的开始点和结束点，如直线或曲线；而闭合路径是连续的，没有开始点和结束点。

蒙版动效可以理解为一个人拿着望远镜眺望远方，在眺望时不停地移动望远镜，看到的内容就会有不同的变化，这样就形成了蒙版动效。当然也可以理解为望远镜静止不动，而看到的画面在不停地移动，即被蒙图层不停地运动，以此来产生蒙版动效。

4.2.2　形状工具

在 After Effects 中，使用形状工具既可以创建形状图层，也可以创建蒙版。形状工具包括"矩形工具""圆角矩形工具""椭圆工具""多边形工具"和"星形工具"，如图 4-46 所示。

如果当前选择的是形状图层，则在工具栏中单击选择一个形状工具之后，在工具栏的右侧会出现创建形状和创建蒙版的按钮，分别是"工具创建形状"按钮★和"工具创建蒙版"按钮▨，如图 4-47 所示。

图 4-46　形状工具　　　　　　　　　图 4-47　创建形状和创建蒙版的按钮

注意，在没有选择任何图层的情况下，使用形状工具在"合成"窗口中进行绘制，可以绘制出形状图形并得到相应的形状图层，而不是蒙版；如果选择的图层是形状图层，那么可以使用形状工具创建图形或者为当前所选择的形状图层创建蒙版；如果选择的图层是素材图层或者是纯色图层，那么使用形状工具时只能为当前所选择的图层创建蒙版。

4.2.3　钢笔工具

使用"钢笔工具"可以在"合成"窗口中绘制出各种不规则的路径，它包含 4 个辅助工具，分别是"添加'顶点'工具""删除'顶点'工具""转换'顶点'工具"和"蒙版羽化工具"，如图 4-48 所示。

在工具栏中选择"钢笔工具"之后，在"工具栏"的右侧会出现一个"RotoBezier"复选框，如图 4-49 所示。

图 4-48　钢笔及相关辅助工具　　　　　　　　图 4-49　"RotoBezier"复选框

在默认情况下，没有勾选"RotoBezier"复选框，这时使用"钢笔工具"绘制的贝塞尔曲线的顶点有控制手柄，可以通过调整控制手柄的位置来调整贝塞尔曲线的形状。如果勾选"RotoBezier"复选框，那么绘制出来的贝塞尔曲线将没有控制手柄，曲线的顶点曲率是 After Effects 软件自动计算得出的。

提示： After Effects 软件中的形状工具和钢笔工具与 Photoshop 和 Illustrator 软件中的形状工具和钢笔工具的使用方法基本是相同的，这里不再过多地介绍。下面重点介绍如何使用形状工具和钢笔工具创建蒙版，以及蒙版动效的制作方法。

4.2.4　轨道遮罩

前面几小节课程，我们已经向读者介绍了 After Effects 中的形状工具和"钢笔工具"，通过使用形状工具和钢笔工具都可以在当前所选择的图层中直接绘制蒙版图形，这是最直接的创建蒙版的方式。除此之外，我们还可以通过在"时间轴"面板中设置图层的"TrkMat"（轨道遮罩）选项，指定其上方图层对该图层的轨道遮罩方式，从而创建出遮罩效果。

实战： 制作 iOS 系统解锁文字遮罩动效
源文件：源文件 \ 第 4 章 \4-2-4.aep　　　视频：视频 \ 第 4 章 \4-2-4.mp4

01. 执行"文件 > 导入 > 文件"命令，在弹出的"导入文件"对话框中选择需要导入的素材文件"源文件 \ 第 4 章 \ 素材 \42401.psd"，如图 4-50 所示。单击"导入"按钮，在弹出的设置对话框中对相关选项进行设置，如图 4-51 所示。

图 4-50　选择需要导入的 PSD 素材

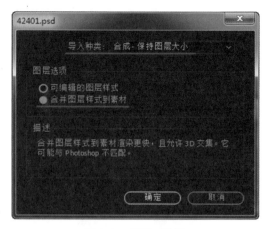

图 4-51　设置对话框

02. 单击"确定"按钮，导入 PSD 素材文件，自动创建合成文件，如图 4-52 所示。在"项目"面板中双击"42401"合成文件，在"合成"窗口中可以看到该合成文件的效果，在"时间轴"面板中可以看到其相关的素材图层，如图 4-53 所示。

图 4-52　导入 PSD 素材文件

图 4-53　打开合成文件

03. 不要选择任何对象，选择"矩形工具"，在工具栏中单击"填充"文字，弹出"填充选项"对话框，设置填充类型为"线性渐变"，如图 4-54 所示，单击"确定"按钮。单击"填充"选项后的色块，弹出"渐变编辑器"对话框，设置渐变颜色，如图 4-55 所示。

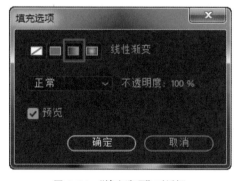

图 4-54　"填充选项"对话框

图 4-55　设置渐变颜色

04. 单击"确定"按钮，完成渐变颜色的设置，设置"描边"为无，在"合成"窗口中拖动光标绘制一个矩形，如图 4-56 所示。选择"选取工具"，在刚绘制的矩形上显示出渐变起始点和结束点，拖动调整渐变起始点和结束点位置，从而调整渐变填充的效果，如图 4-57 所示。

图 4-56　绘制矩形

图 4-57　调整渐变填充效果

05.　在"合成"窗口中将该矩形调整至合适的位置，并使用"向后平移（锚点）工具"，将该矩形锚点调整至其中心位置，如图 4-58 所示。在"时间轴"面板中将"形状图层 1"移至"滑动解锁"图层下方，按快捷键 P，显示该图层的"位置"属性，为该属性插入关键帧，如图 4-59 所示。

图 4-58　调整矩形锚点位置

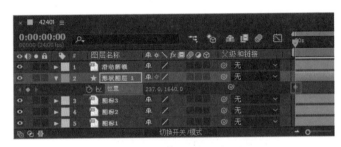

图 4-59　插入属性关键帧

06.　将"时间指示器"移至 1 秒的位置，在"合成"窗口中将矩形水平向右移至合适的位置，如图 4-60 所示。在"时间轴"面板中同时选中该图层中的两个属性关键帧，按快捷键 F9，为其应用"缓动"效果，如图 4-61 所示。

图 4-60　移动矩形

图 4-61　为关键帧应用"缓动"效果

07.　按住 Alt 键单击"位置"属性前的"时间变化秒表"图标，为"位置"属性添加表达式"loop_out（type="cycle"，numkeyframes=0）"，如图 4-62 所示。单击"时间轴"面板左下角的"展开或折叠'转换控制'窗格"图标，显示"转换控制"选项，设置"形状图层 1"的"TrkMat"选项为"Alpha"蒙版"滑动解锁"，如图 4-63 所示。

图 4-62　添加表达式

图 4-63　设置"TrkMat"选项

> **提示：**此处为"位置"属性所添加的表达式作用主要是实现"位置"属性动画的循环播放。除了可以使用表达式来实现之外，也可以将该动画制作多次，同样可以实现循环播放的效果，使用表达式相对来说更加方便。

08.　完成该 iOS 系统解锁文字蒙版动效的制作，执行"文件 > 保存"命令，弹出"另存为"对话框，将该文件保存为"源文件 \ 第 4 章 \4-2-4.aep"。单击"预览"面板上的"播放 / 停止"按钮 ▶，可以在"合成"窗口中预览动画效果，如图 4-64 所示。

图 4-64　iOS 系统解锁文字蒙版动效

4.2.5　设置蒙版属性

完成图层蒙版的添加后，在"时间轴"面板中展开该图层下的"蒙版"选项，可以看到用于对蒙版进行设置的各种属性，如图 4-65 所示。通过这些属性可以对该图层蒙版效果进行设置，并且可以通过为蒙版属性添加关键帧制作出相应的蒙版动效。

图 4-65　蒙版属性

1. 反转

勾选"反转"复选框，可以反转当前蒙版的范围，如图 4-66 所示。

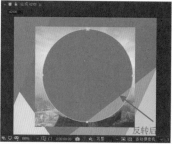

图 4-66　反转蒙版效果

2. 蒙版路径

该选项用于设置蒙版的范围，也可以为蒙版节点制作关键帧动画。单击该属性右侧的"形状……"文字，弹出"蒙版形状"对话框，在该对话框中可以对蒙版的定界框和形状进行设置，如图 4-67 所示。

在"定界框"选项组中，通过修改"顶部""左侧""右侧"和"底部"选项的参数，可以修改当前蒙版的大小；在"形状"选项组中，可以将当前的蒙版形状快速修改为矩形或椭圆形，如图 4-68 所示。

图 4-67　"蒙版形状"对话框

图 4-68　修改蒙版形状为矩形

3. 蒙版羽化

该选项用于设置蒙版羽化的效果，可以通过羽化蒙版得到更自然的融合效果，并且水平和竖直方向可以设置不同的羽化值，单击该选项后的"约束比例"按钮，可以锁定或解锁水平和竖直方向的约束比例。图 4-69 所示为设置"蒙版羽化"后的效果。

4. 蒙版不透明度

该选项用于设置蒙版的不透明度，图 4-70 所示为设置"蒙版不透明度"为 40% 的效果。

图 4-69　蒙版羽化效果

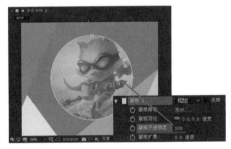

图 4-70　蒙版不透明度效果

5. 蒙版扩展

该选项可以设置蒙版图形的扩展程度，如果设置"蒙版扩展"属性值为正值，则扩展蒙版区域，如图 4-71 所示；如果设置"蒙版扩展"属性值为负值，则收缩蒙版区域，如图 4-72 所示。

图 4-71　扩展蒙版区域

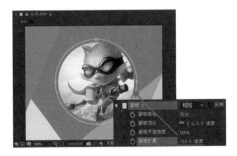

图 4-72　收缩蒙版区域

实战：制作聚光灯动效
源文件：源文件 \ 第 4 章 \4-2-5.aep　　视频：视频 \ 第 4 章 \4-2-5.mp4

扫码看视频

01. 在 After Effects 中新建一个空白的项目，执行"合成 > 新建合成"命令，弹出"合成设置"对话框，对相关选项进行设置，如图 4-73 所示。单击"确定"按钮，新建合成文件，在"合成"窗口中可以看到合成背景的效果，如图 4-74 所示。

图 4-73　设置"合成设置"对话框中的参数

图 4-74　新建合成文件

02. 执行"文件 > 导入 > 文件"命令，导入素材文件"源文件 \ 第 4 章 \ 素材 \42501.jpg"，如图 4-75 所示。将素材"42501.jpg"从"项目"面板中拖入"时间轴"面板，如图 4-76 所示。

图 4-75　导入素材图像

图 4-76　拖入素材图像

03. 在"合成"窗口中选中该素材图像，选择"椭圆工具"，在"合成"窗口中合适的位置按住 Shift 键拖动光标绘制一个正圆形，即可为该图层创建圆形蒙版，如图 4-77 所示。在"时间轴"面板上可以看到所选择的图层下自动出现蒙版选项，如图 4-78 所示。

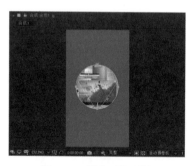

图 4-77　创建正圆形蒙版

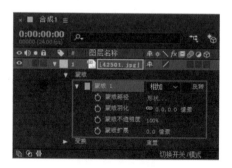

图 4-78　蒙版选项

提示： 在 After Effect 中创建蒙版时，首先需要选中要创建蒙版的图层，然后使用绘图工具在"合成"窗口中绘制蒙版形状，即可为选中的图层创建蒙版。如果在创建蒙版时没有选中任何图层，则在"合成"窗口中将直接绘制出形状图形，在"时间轴"面板中也会新增该图形的形状图层，而不会创建任何蒙版。

技巧： 选择需要创建蒙版的图层后，双击工具栏中的"矩形工具"按钮，可以快速创建一个与所选择的图层大小相同的矩形蒙版；如果在使用"椭圆工具"绘制椭圆形蒙版时按住 Shift 键，可以创建一个正圆形蒙版；如果按住 Ctrl 键，则可以以单击点为中心向外绘制蒙版。

04. 在"时间轴"面板中设置"蒙版羽化"属性为 80 像素,效果如图 4-79 所示。确认"时间指示器"位于 0 秒位置,为"蒙版路径"属性和"蒙版不透明度"属性分别插入关键帧,如图 4-80 所示。

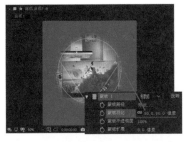

图 4-79 设置"蒙版羽化"属性

图 4-80 插入属性关键帧

05. 将"时间指示器"移至 20 帧的位置,分别单击"蒙版路径"和"蒙版不透明度"属性前的"添加或移除关键帧"按钮◆,在当前位置插入这两个属性关键帧,如图 4-81 所示。将"时间指示器"移至 0 秒位置,在"合成"窗口中蒙版的形状路径上双击,则会显示一个形状路径调整框,如图 4-82 所示。

图 4-81 添加属性关键帧

图 4-82 显示形状路径调整框

06. 将光标放置在形状路径调整框的任意一个节点上时,光标变成双向箭头,按住 Shift 键拖动鼠标,将其等比例缩小,如图 4-83 所示。在"合成"窗口中拖动该形状路径,将其调整到合适的位置,双击确认对形状路径的变换操作,如图 4-84 所示。在"时间轴"面板中将"蒙版不透明度"属性值设置为 0%。

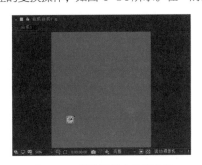

图 4-83 等比例缩小形状路径

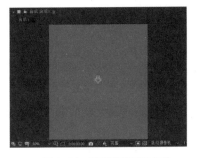

图 4-84 调整形状路径位置

技巧: 选择"选取工具",在蒙版的形状路径上双击,显示出形状路径的调整框,将光标移动至调整框周围的某些位置,将出现旋转光标,拖动鼠标即可对整个蒙版的形状路径进行旋转操作。

07. 将"时间指示器"移至 1 秒 16 帧的位置,选择"选取工具",在"合成"窗口中拖动蒙版路径至合适的位置,如图 4-85 所示。自动在当前位置为"蒙版路径"属性添加关键帧,如图 4-86 所示。

图 4-85 移动蒙版路径

图 4-86 自动添加属性关键帧

08. 将"时间指示器"移至2秒5帧的位置，在"合成"窗口中移动蒙版路径至合适的位置，如图4-87所示。将"时间指示器"移至3秒5帧的位置，在"合成"窗口中移动蒙版路径至合适的位置，如图4-88所示。

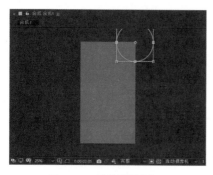

图 4-87　移动蒙版路径

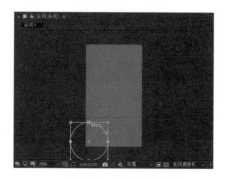

图 4-88　移动蒙版路径

09. 将"时间指示器"移至3秒18帧的位置，在"合成"窗口中移动蒙版路径至合适的位置，如图4-89所示。将"时间指示器"移至4秒12帧的位置，在"合成"窗口中移动蒙版路径至合适的位置，如图4-90所示。

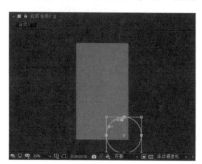

图 4-89　移动蒙版路径

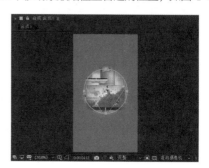

图 4-90　移动蒙版路径

10. "时间轴"面板如图4-91所示。将"时间指示器"移至5秒12帧的位置，在"合成"窗口中将蒙版路径等比例放大，如图4-92所示。

图 4-91　"时间轴"面板

图 4-92　等比例放大蒙版路径

11. 在"时间轴"面板中拖动光标同时选中"蒙版路径"属性的所有关键帧，如图4-93所示。在关键帧上单击鼠标右键，在弹出的菜单中选择"关键帧辅助 > 缓动"命令，为选中的关键帧应用"缓动"效果，如图4-94所示。

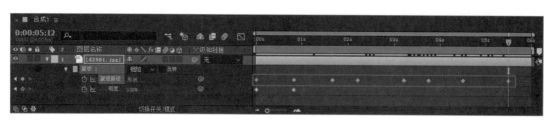

图 4-93　选中多个属性关键帧

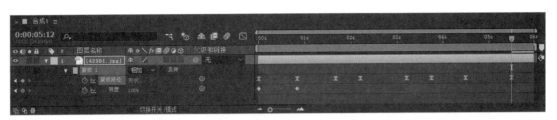

图 4-94　为关键帧应用缓动效果

12. 完成聚光灯动效的制作，执行"文件 > 保存"命令，将文件保存为"源文件 \ 第 4 章 \4-2-5.aep"。单击"预览"面板上的"播放 / 停止"按钮▶，可以在"合成"窗口中预览动画效果，如图 4-95 所示。

图 4-95　聚光灯动效

4.2.6　蒙版的叠加处理

当一个图层中同时包含有多个蒙版时，可以通过设置蒙版的"混合模式"选项，来使蒙版与蒙版之间产生叠加的效果，如图 4-96 所示。

无：选择该选项，当前路径不起到蒙版作用，只作为路径存在，可以为路径制作描边、光线动画或路径动画等辅助动画效果。

相加：默认情况下，蒙版使用的是"相加"模式，如果绘制的蒙版中有两个或两个以上的形状路径，可以清楚地看到两个蒙版以相加的形式显示的效果，如图 4-97 所示。

图 4-96　蒙版"混合模式"选项

相减：如果选择"相减"模式，蒙版将变成镂空的效果，这与勾选该蒙版名称右侧的"反转"选项所实现的效果相同，如图 4-98 所示。

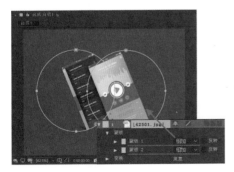

图 4-97　蒙版的"相加"模式

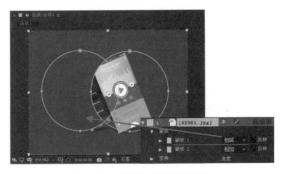

图 4-98　蒙版的"相减"模式

交集：如果选择"交集"选项，则只显示当前蒙版路径与上面所有蒙版的组合结果相交的部分，如图 4-99 所示。

变亮："变亮"模式与"相加"模式相似，但蒙版重叠部分的不透明度采用较高的值，如图 4-100 所示。

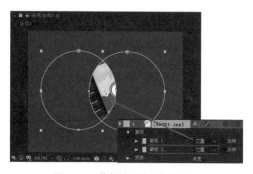

图 4-99　蒙版的"交集"模式

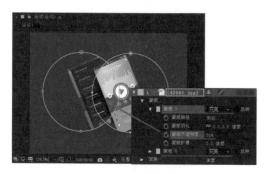

图 4-100　蒙版的"变亮"模式

变暗："变暗"模式从可视范围来说，与"交集"模式相似，但是蒙版重叠部分的不透明度采用较低的值，如图 4-101 所示。

差值："差值"模式是采取并集减去交集的方式，也就是说，先对所有蒙版的组合进行并集运算，然后对所有蒙版组合的相交部分进行相减运算，如图 4-102 所示。

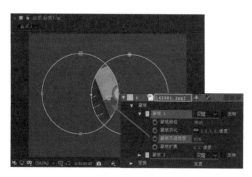

图 4-101　蒙版的"变暗"模式

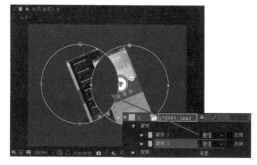

图 4-102　蒙版的"差值"模式

实战：制作二维码扫描动效
源文件：源文件 \ 第 4 章 \4-2-6.aep　　　视频：视频 \ 第 4 章 \4-2-6.mp4

扫码看视频

01. 在 After Effects 中新建一个空白项目，执行"合成 > 新建合成"命令，弹出"合成设置"对话框，对相关选项进行设置，如图 4-103 所示。单击"确定"按钮，新建合成文件。执行"文件 > 导入 > 文件"命令，在弹出的"导入文件"对话框中同时选中多个需要导入的素材文件，如图 4-104 所示。

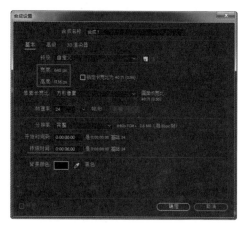

图 4-103　设置"合成设置"对话框中的参数

图 4-104　选择需要导入的素材图像

02. 单击"导入"按钮,将所选中的素材导入"项目"面板,如图4-105所示。将素材"42602.jpg"和"42603.png"从"项目"面板中分别拖入"时间轴"面板,在"合成"窗口中调整二维码图像到合适的位置,如图4-106所示。

图 4-105　导入素材图像

图 4-106　拖入素材图像并调整位置

03. 不要选中任何对象,选择"矩形工具",在"工具栏"中设置"填充"为无,"描边"为白色,"描边宽度"为6像素,在"合成"窗口中按住Shift键绘制一个正方形,如图4-107所示。使用"向后平移(锚点)工具",将锚点调整至该正方形的中心位置,如图4-108所示。

04. 使用"矩形工具",在工具栏中单击"工具创建蒙版"图标█,为"形状图层1"添加一个矩形蒙版,效果如图4-109所示。设置"形状图层1"下方"蒙版1"选项的"混合模式"为"相减",蒙版效果如图4-110所示。

图 4-107　绘制正方形　　图 4-108　调整图形锚点位置

图 4-109　绘制矩形蒙版

图 4-110　设置蒙版混合模式效果

05. 选择"形状图层1",选择"矩形工具"在"合成"窗口中再绘制一个矩形蒙版,设置"形状图层1"下方"蒙版2"选项的"混合模式"为"相减",如图4-111所示。在"合成"窗口中可以看到蒙版的效果,如图4-112所示。

图 4-111　设置蒙版混合模式

图 4-112　蒙版效果

06. 不要选择任何对象，选择"矩形工具"，在工具栏中设置"填充"为任意颜色，"描边"为无，在"合成"窗口中绘制一个矩形，如图 4-113 所示。选择"形状图层 2"图层，使用"矩形工具"，在"工具栏"中单击"填充"文字，在弹出的"填充选项"对话框中选择"线性渐变"选项，如图 4-114 所示。

图 4-113　绘制矩形

图 4-114　"填充选项"对话框

07. 单击"确定"按钮，展开"形状图层 2"的"内容"选项中的"渐变填充 1"选项，如图 4-115 所示。单击"颜色"选项后的"编辑渐变"链接，弹出"渐变编辑器"对话框，设置渐变颜色，如图 4-116 所示。

图 4-115　展开"渐变填充 1"选项

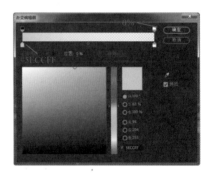

图 4-116　设置渐变颜色

08. 单击"确定"按钮，完成渐变颜色的设置，选择"选取工具"，在"合成"窗口中调整渐变颜色的起始点和结束点位置，从而调整渐变填充的效果，如图 4-117 所示。选择"形状图层 2"，在"合成"窗口中将该矩形缩小，如图 4-118 所示。

09. 选择"形状图层 2"，使用"矩形工具"，在工具栏中单击"工具创建蒙版"图标 ，为"形状图层 2"添加一个矩形蒙版，效果如图 4-119 所示。选择"形状图层 2"下方"内容"选项下方的"矩形 1"选项，从而选中该图层中的矩形，在"合成"窗口中将其向上移至合适的位置，如图 4-120 所示。

图 4-117　调整渐变填充效果　　图 4-118　缩小矩形

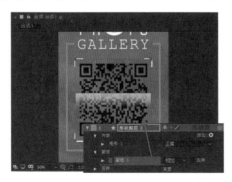

图 4-119　绘制矩形蒙版

图 4-120　移动矩形位置

10. 将"时间指示器"移至 0 秒位置，展开"矩形 1"选项下方的"变换：矩形 1"选项，为"位置"属性插入关键帧，如图 4-121 所示。选择"形状图层 2"，按快捷键 U，在该图层下方只显示添加了关键帧的属性，如图 4-122 所示。

图 4-121　插入"位置"属性关键帧

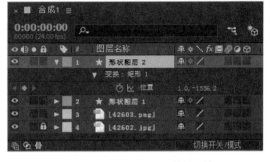

图 4-122　只显示添加了关键帧的属性

11. 将"时间指示器"移至 2 秒位置，选择"形状图层 2"下方的"变换：矩形 1"选项，在"合成"窗口中将渐变矩形向下移至合适的位置，自动在当前时间位置添加"位置"属性关键帧，如图 4-123 所示。

图 4-123　移动图形位置并自动添加属性关键帧

12. 同时选中刚创建的两个属性关键帧，按快捷键 F9，为选中的两个关键帧应用"缓动"效果，如图 4-124 所示。在"项目"面板上的合成上单击鼠标右键，在弹出菜单中选择"合成设置"命令，弹出"合成设置"对话框，修改"持续时间"为 4 秒，如图 4-125 所示。

图 4-124　为关键帧应用"缓动"效果

图 4-125　修改"持续时间"选项

13. 完成该二维码扫描动效的制作，执行"文件 > 保存"命令，将文件保存为"源文件 \ 第 4 章 \4-2-6.aep"。单击"预览"面板上的"播放 / 停止"按钮▶，可以在"合成"窗口中预览动画效果，如图 4-126 所示。

图 4-126　二维码扫描动效

4.3 在 After Effects 中渲染输出动效

渲染并输出动效是动效制作完成后一个非常关键的步骤。在 After Effects 中，可以将合成项目渲染输出成视频文件或者序列图片等。由于渲染的格式影响着影片最终呈现出来的效果，因此即使前面制作得再精妙，不成功的渲染也会直接导致最终效果的失败。如果需要将动效输出为 GIF 格式的动效图片，则还需要与 Photoshop 软件相结合。

4.3.1 认识渲染工作区

在 After Effects 中完成一个项目文件的制作后，最终都需要将其渲染输出，有时候只需要将动效中的一部分渲染输出，而不是整个工作区中的动效，此时就需要调整渲染工作区，从而将部分动效渲染输出。

渲染工作区位于"时间轴"面板中，由"工作区域开头"和"工作区域结尾"两个点来控制渲染区域，如图 4-127 所示。

图 4-127　工作区域开头与工作区域结尾

调整渲染工作区的方法有两种，一种是通过拖动调整渲染工作区，另一种是使用快捷键调整渲染工作区，两种方法都可以完成渲染工作区的调整设置，从而渲染输出部分动效。

1. 通过拖动调整渲染工作区

通过拖动调整渲染工作区的方法很简单，只需要分别拖动"工作区域开头"图标和"工作区域结尾"图标至合适的位置，即可完成渲染工作区的调整，如图 4-128 所示。

图 4-128　通过拖动调整渲染工作区

> **技巧：** 如果想要精确地控制工作区开始或结束的时间位置，首先将"时间指示器"调整到相应的位置，然后在按住 Shift 键的同时拖动"工作区域开头"或"工作区域结尾"图标，可以吸附到"时间指示器"的位置。

2. 使用快捷键调整渲染工作区

除了通过拖动调整渲染工作区外，还可以使用快捷键进行调整，操作起来更加方便快捷。

在"时间轴"面板中，将"时间指示器"拖动至需要的时间位置，按快捷键 B，即可调整"工作区域开头"到当前的位置。

在"时间轴"面板中，将"时间指示器"拖动至需要的时间位置，按快捷键 N，即可调整"工作区域结尾"到当前的位置。

4.3.2 理解渲染输出选项

在 After Effects 中，主要是通过"渲染队列"面板来设置渲染输出选项的，在该面板中可以控制整个渲染进度，调整每个合成项目的渲染顺序，设置每个合成项目的渲染质量、输出格式和路径等。

执行"合成 > 添加到渲染队列"命令，或者按组合键 Ctrl+M，即可打开"渲染队列"面板，如图 4-129 所示。

图 4-129　"渲染队列"面板

1. 渲染设置

在"渲染队列"面板中某个需要渲染输出的合成文件下方，单击"渲染设置"选项右侧的下拉按钮 <img>，即可在弹出的菜单中选择系统自带的渲染预设，如图4-130 所示。

最佳设置： 选择该选项，系统会以最好的质量渲染当前合成动效，该选项为默认选项。

DV 设置： 选择该选项，系统则会使用 DV 模式设置进行项目渲染。

多机设置： 选择该选项，系统将使用多机器渲染设置进行项目渲染。

图 4-130　渲染预设选项

当前设置： 选择该选项，系统会使用"合成"窗口中的参数设置。

草图设置： 选择该选项，系统将使用草稿质量输出影片，一般情况下在测试观察时使用。

自定义： 选择该选项，会弹出"渲染设置"对话框，在该对话框中用户可以自定义渲染设置，如图4-131 所示。

创建模板： 选择该选项，会弹出"渲染设置模板"对话框，如图4-132 所示，用户可以自行进行渲染设置模板的创建，创建的自定义模板也会出现在该弹出菜单中。

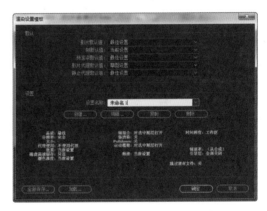

图 4-131　"渲染设置"对话框　　　图 4-132　"渲染设置模板"对话框

2. 日志

"渲染设置"选项右侧的"日志"选项主要用于设置渲染动画的日志信息，在该选项下拉列表中可以选择日志中需要记录的信息类型，如图4-133 所示，默认选择"仅错误"选项。

3. 输出模块

在"渲染队列"面板中某个需要渲染输出的合成文件下方，单击"输出模块"选项右侧的下拉按钮<img>，即可在弹出的菜单中选择不同的输出模块，如图4-134 所示。默认选择"无损"选项，表示所渲染输出的文件为无损压缩的视频文件。

图 4-133　"日志"选项下拉列表

单击"输出模块"右侧的加号按钮<img>，可以为该合成文件添加一个输出模块，如图4-135 所示，即可以添加一种输出的文件格式。

如果需要删除某种输出格式，可以单击该"输出模块"右侧的减号按钮<img>，需要注意的是，必须保留至少一个输出模块。

图 4-134 "输出模块"下拉列表

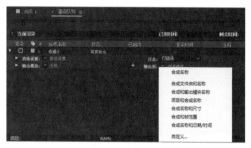

图 4-135 添加输出文件格式

4. 输出到

"输出模块"选项右侧的"输出到"选项主要用于设置该合成文件渲染输出的文件位置和名称。单击"输出到"选项右侧的下拉按钮 ∨，即可在弹出的菜单中选择预设的输出名称和格式等，如图 4-136 所示。

4.3.3 渲染输出

在"渲染队列"面板中完成渲染队列中合成文件下的相关渲染输出选项的设置后，单击"渲染队列"面板右侧的"渲染"按钮，即可按照设置对渲染队列中的合成文件进行渲染输出，并显示渲染进度，如图 4-137 所示。

图 4-136 "输出到"下拉列表

图 4-137 显示渲染进度

在 After Effects 中，当一个动效制作完成后，就需要将最终的效果输出，以供开发人员更好地理解设计的作品。After Effects 中提供了多种输出格式，但是对于 UI 动效来说最合适的是 QuickTime 格式，其原因是它便于之后导入 Photoshop，再输出为 GIF 格式的动效图片文件。

实战：将动效渲染输出为视频文件

源文件：源文件 \ 第 4 章 \4-3-3.mov 视频：视频 \ 第 4 章 \4-3-3.mp4

---

01. 打开 After Effects，执行"文件 > 打开项目"命令，弹出"打开"对话框，选择之前制作好的"4-2-6.aep"文件，如图 4-138 所示。单击"打开"按钮，在 After Effects 中打开该项目文件，如图 4-139 所示。

图 4-138 选择需要打开的项目文件

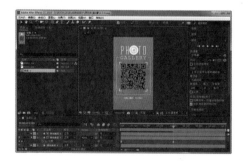

图 4-139 打开项目文件

02. 执行"合成 > 添加到渲染队列"命令，将该项目中的合成文件添加到"渲染队列"面板中，如图 4-140 所示。单击"输出模块"选项后的"无损"文字，弹出"输出模块设置"对话框，设置"格式"选项为 QuickTime，其他选项采用默认设置，如图 4-141 所示。

图 4-140　添加到"渲染队列"面板中　　　　　　图 4-141　选择输出格式

03.　单击"确定"按钮，完成"输出模块设置"对话框中的参数的设置，单击"输出到"选项后的文字，弹出"将影片输出到"对话框，设置输出文件的名称和位置，如图 4-142 所示。单击"保存"按钮，完成该合成文件相关输出选项的设置，如图 4-143 所示。

图 4-142　设置输出位置和文件名称　　　　　图 4-143　完成输出选项设置

04.　单击"渲染队列"面板右上角的"渲染"按钮，即可按照当前的渲染输出设置对合成文件进行渲染输出，输出完成后在选择的输出位置可以看到所输出的"4-3-3.mov"文件，如图 4-144 所示。双击所输出的视频文件，即可在视频播放器中看到所制作的动效，如图 4-145 所示。

图 4-144　得到输出的视频文件　　　　　　图 4-145　打开动效视频文件

4.3.4　配合 Photoshop 输出 GIF 文件

渲染输出往往是制作影视作品的最后一步，而在动效设计中往往还需要将动效输出为 GIF 格式的动效图片文件，但是在 After Effects 中无法直接输出 GIF 格式的动效图片文件，这时就需要配合 Photoshop 来输出相应的 GIF 格式的动效图片文件。可以先在 After Effects 中输出 MOV 格式的视频文件，再将所输出的 MOV 格式的视频导入 Photoshop，利用 Photoshop 来输出 GIF 格式的动效图片文件。

实战：将动效输出为 GIF 动效图片
源文件：源文件 \ 第 4 章 \4-3-4.gif　　视频：视频 \ 第 4 章 \4-3-4.mp4

扫码看视频

01.　打开 Photoshop，执行"文件 > 导入 > 视频帧到图层"命令，弹出"打开"对话框，选择上一小节导出的视频文件"4-3-3.mov"，如图 4-146 所示。单击"打开"按钮，弹出"将视频导入图层"对话框，如图 4-147 所示。

图 4-146 选择需要导入的视频文件

图 4-147 "将视频导入图层"对话框

02. 保持默认设置，单击"确定"按钮，完成视频文件的导入，自动将视频中每一帧画面放入"时间轴"面板，如图 4-148 所示。执行"文件 > 存储为 Web 所用格式"命令，弹出"存储为 Web 所用格式"对话框，如图 4-149 所示。

图 4-148 导入视频文件

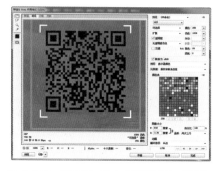

图 4-149 "存储为 Web 所用格式"对话框

03. 在"存储为 Web 所用格式"对话框中的右上角选择格式为 GIF，在右下角的"动画"选项区中设置"循环选项"为"永远"，还可以单击播放按钮，预览动画播放效果，如图 4-150 所示。单击"存储"按钮，弹出"将优化结果存储为"对话框，设置保存位置和文件名称，如图 4-151 所示。

图 4-150 设置选项

图 4-151 "将优化结果存储为"对话框

04. 单击"保存"按钮，即可完成 GIF 格式动效图片文件的输出，在输出位置可以看到输出的 GIF 文件，如图 4-152 所示。在浏览器中打开该 GIF 动效图片文件，可以预览动画效果，如图 4-153 所示。

图 4-152 输出 GIF 动效图片

图 4-153 在浏览器中预览 GIF 动效图片

4.3.5 将动效嵌入手机模型

在网络中我们常常看到将动效嵌入手机模型的效果，这样的效果是如何实现的呢？其实这样的效果在 After Effects 和 Photoshop 中都可以实现，如果是在 After Effects 中，则可以通过为合成文件添加"边角固定"效果，并对该合成文件进行调整，得到需要的效果；如果是在 Photoshop 中，则可以将动效先输出为 GIF 动效图片文件，再通过 Photoshop 将该 GIF 动效图片创建为智能对象，将该智能对象嵌入手机模型就可以了。

实战： 将动效嵌入手机模型
源文件：源文件 \ 第 4 章 \4-3-5.gif
视频：视频 \ 第 4 章 \4-3-5.mp4

扫码看视频

01. 打开 After Effects，执行"文件 > 打开项目"命令，打开项目文件"源文件 \ 第 4 章 \4-2-4 .aep"，效果如图 4-154 所示。执行"合成 > 添加到渲染队列"命令，将该动画中的合成文件添加到"渲染队列"面板中，如图 4-155 所示。

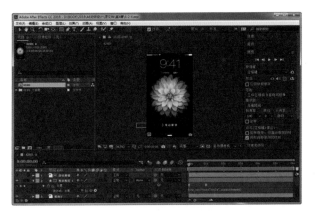

图 4-154　打开项目文件

图 4-155　添加到"渲染队列"面板中

02. 单击"输出模块"选项后的"无损"文字，弹出"输出模块设置"对话框，设置"格式"选项为 QuickTime，其他选项采用默认设置，如图 4-156 所示，单击"确定"按钮。单击"输出到"选项后的文字，弹出"将影片输出到"对话框，设置输出文件的名称和位置，如图 4-157 所示。

图 4-156　设置输出格式

图 4-157　设置输出位置和文件名称

03. 单击"保存"按钮，完成该合成文件相关输出选项的设置，如图 4-158 所示。单击"渲染队列"面板右上角的"渲染"按钮，渲染输出为视频文件"4-3-5.mov"，如图 4-159 所示。

图 4-158　完成输出选项设置　　　　　　　　　图 4-159　得到输出的视频文件

04.　打开 Photoshop，执行"文件 > 导入 > 视频帧到图层"命令，弹出"打开"对话框，选择上一步导出的视频文件"4-3-5.mov"，如图 4-160 所示。单击"打开"按钮，弹出"将视频导入图层"对话框，如图 4-161 所示。

图 4-160　选择需要导入的视频文件　　　　图 4-161　"将视频导入图层"对话框

05.　保持默认设置，单击"确定"按钮，完成视频文件的导入，自动将视频中每一帧画面放入"时间轴"面板，如图 4-162 所示。执行"文件 > 存储为 Web 所用格式"命令，弹出"存储为 Web 所用格式"对话框，如图 4-163 所示。

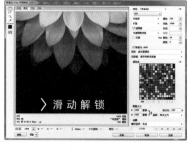

图 4-162　导入视频文件　　　　　图 4-163　"存储为 Web 所用格式"对话框

06.　单击"存储"按钮，弹出"将优化结果存储为"对话框，设置保存位置和文件名称，如图 4-164 所示。单击"保存"按钮，即可输出为 GIF 格式的动效图片文件，在输出位置可以看到输出的 GIF 文件，如图 4-165 所示。

图 4-164　设置存储位置和文件名称　　　　图 4-165　得到 GIF 动效图片

07. 将 Photoshop 中的当前文件关闭，不需要保存。在 Photoshop 中打开刚输出的 GIF 格式的动效图片文件"4-3-51.gif"，如图 4-166 所示。在"时间轴"面板菜单中执行"将帧拼合到图层"命令，如图 4-167 所示，这样就可以将动画中的每一帧都转换为一个图层。

图 4-166　打开 GIF 动效图片　　　　　图 4-167　执行"将帧拼合到图层"命令

08. 单击"时间轴"面板左下角的"转换为视频时间轴"按钮 ，转换为视频时间轴面板，如图 4-168 所示。在"图层"面板中同时选中所有图层，执行"图层 > 智能对象 > 转换为智能对象"命令，得到智能对象图层，如图 4-169 所示。

图 4-168　转换为视频时间轴面板　　　　　图 4-169　转换为智能对象

09. 在 Photoshop 中打开准备好的手机素材图片，如图 4-170 所示。将得到的智能对象图层拖至该手机素材图片中，按组合键 Ctrl+T，显示自由变换框，将该智能对象等比例缩小，并进行扭曲操作，使其适合该手机素材，如图 4-171 所示。

图 4-170　打开手机素材图片　　　　　图 4-171　拖入智能对象图层并调整

10. 完成智能对象的变换调整后，单击"时间轴"面板上的"创建视频时间轴"按钮，即可创建出视频时间轴，可以预览动画的效果，如图 4-172 所示。执行"文件 > 存储为 Web 所用格式"命令，弹出"存储为 Web 所用格式"对话框，如图 4-173 所示。

图 4-172　创建视频时间轴

图 4-173 "存储为 Web 所用格式"对话框

11. 单击"存储"按钮,即可将其输出为GIF格式的动效图片文件,在浏览器中预览该GIF动效图片文件,效果如图 4-174 所示。

图 4-174 预览 GIF 动效图片

4.4 本章小结

本章详细介绍了 After Effects 中蒙版的创建和属性设置方法,并通过动效的制作使读者能够快速掌握蒙版动效的制作方法和技巧,并且还介绍了在 After Effects 中将所制作的动效输出为视频格式的文件和 GIF 格式的文件的方法和技巧。完成对本章内容的学习后,读者需要掌握蒙版动效的制作方法,并且能够将动效输出为需要的格式。

4.5 课后测试

完成对本章内容的学习后,接下来通过创新题,检测一下读者对蒙版动效制作与输出相关内容的学习效果,同时加深读者对所学知识的理解。

创新题

根据从本章所学习和了解到的知识,设计制作一个指纹扫描动效,具体要求和规范如下。

● 内容 / 题材 / 形式

根据本章所制作的二维码扫描动效制作一个指纹扫描动效。

● 设计要求

通过蒙版与基础动画属性相结合,完成指纹扫描动效的制作。

第 5 章
UI 元素动效

近几年，动效在 UI 中的应用越来越多，甚至在某些设计方案中，动效已经作为重要的组成部分融入其中。在我们所常见的各种数字产品当中，很多 UI 组件和元素都采用了动效的表现形式，在本章中我们将向大家介绍 UI 元素动效的设计与制作方法。

本章知识点
- 理解图标在 UI 中的作用
- 了解图标动效的常见表现形式
- 了解常见的加载进度条表现形式
- 理解开关按钮的功能特点
- 了解文字动效的常见表现形式
- 理解 Logo 动效的优势以及需要注意的问题
- 掌握各种 UI 元素动效的制作方法和技巧

5.1 图标动效

图标反映了人们对于事物的普遍理解，同时也展示了社会、人文等方面的内容。图标是移动界面的基础，无论是何种行业，用户总喜欢美观的产品，美观的产品总会为用户留下良好的第一印象，而出色的动态图标能够更加出色地诠释该图标的功能。

5.1.1 图标在 UI 中的作用

在移动端界面中，图标占了很大的部分，想要设计出良好的图标，首先需要了解图标的应用价值。

1. 明确传达信息

图标在 UI 中一般是提供点击功能或者与文字相结合描述选项功能的，了解其功能后要在其易辨认性上下功夫，不要将图标设计得太花哨，否则用户不容易看出图标的功能。好的图标是用户看一眼就知道其功能的，并且移动界面中所有图标的风格需要保持统一，如图 5-1 所示。

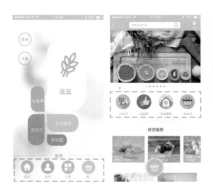

使用简约的图标在移动App界面中表现功能，具有很好的可识别性，可以起到突出功能和选项的作用。

图 5-1　UI 中统一风格的图标

2. 使功能具象化

图标要使移动 UI 的功能具象化，更容易理解。常见的图标元素本身在生活中就经常见到，这样做的目的是使用户可以通过常见的事物理解抽象的 UI 功能，如图 5-2 所示。

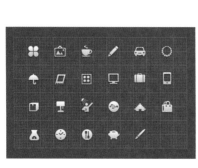

简约象形图标与文字相结合，表现重要的选项和功能，通常采用纯色来设计简约图标。

图 5-2　具象化的图标

3. 增添动感

优秀的图标可以为 UI 增添动感。UI 趋向于精美和细致，精美的图标可以让所设计的 UI 在众多设计作品中脱颖而出，这样的 UI 更加连贯、富有整体感、交互性更强，如图 5-3 所示。

4. 统一形象

统一的图标风格表现出 UI 的统一性，代表了应用界面的基本功能特征，凸显了 UI 的整体性和整合程度，给人以信赖感，同时便于记忆，如图 5-4 所示。

图 5-3　精美的图标动效

一系列风格和形象统一的图标，有助于系统整体形象的统一，并且为该系列图标分别设计了相似的动效，使图标的效果更加形象。

图 5-4　风格统一的系列图标

5. 使产品美观大方

图标设计也是一种艺术创作，极具艺术美感的图标能够提高产品的品位，图标不但要强调其示意性，还要强调产品的主题和品牌文化，如图 5-5 所示。

图 5-5　精美的图标

5.1.2　图标动效的常见表现方法

越来越多的 UI 开始注重图标的动效设计，例如在手机充电过程中电池图标的动效，如图 5-6 所示，以及音乐播放软件中播放模式图标的改变等，如图 5-7 所示。恰到好处的图标动效可以给用户带来愉悦的交互体验。

图 5-6　电池图标动效

图 5-7　播放模式图标动效

过去，图标的转换都十分死板，而近年来开始流行在切换图标的时候加入过渡动效，这种表现方式能够有效提高产品的用户体验，为 UI 添色不少。下面向大家介绍图标动效的一些常见表现方法，便于我们在图标动效设计过程中合理应用。

1. 属性转换法

绝大多数的图标动效离不开属性的变化，这也是应用最普遍、最简单的一种图标动效表现方法。属性包含了位置、大小、旋转、不透明度、颜色等，通过这些属性来制作图标的动效时，如果能够恰当地应用，同样可以表现出令人眼前一亮的效果。

图 5-8　下载图标动效

图 5-8 所示为一个下载图标动效，通过图形的位置和颜色属性的变化来表现出简单的动画效果，同时在动效中加入缓动效果，使动效更加真实。

图 5-9 所示为一个 Wi-Fi 网络图标动效，通过图形的旋转属性使组成图形的形状围绕中心左右晃动，晃动的幅度从大至小，直到最终停止，同时在动效中加入缓动效果，使动效更加真实。

图 5-9　Wi-Fi 网络图标动效

2. 路径重组法

路径重组法是指将组成图标的笔画路径在动画过程中重组，从而构成一个新的图标。采用路径重组法设计图标动效时，需要设计师仔细观察两个图标之间笔画的关系，这种图标动效的表现方法也是目前比较流行的图标动效表现方法。

图 5-10 所示为一个"菜单"图标与"返回"图标之间的切换动效，组成"菜单"图标的 3 条路径经过旋转、缩放的变化后组成箭头形状的"返回"图标，与此同时进行整体的旋转，最终过渡到新的图标。

图 5-10　图标之间的切换动效

图 5-11 所示为一个音量图标的正常状态与静音状态之间的切换动效，对正常状态

图 5-11　音量图标状态变化动效

下的两条路径进行变形处理后，将这两条路径变形为交叉的两条直线并放置在图标的右上角，从而切换到静音状态。

3. 点线面降级法

点线面降级法是指应用平面设计理念中"点""线""面"理论，将"面"降级为"线"，将"线"降级为"点"来表现图标的切换过渡动效。

"面"与"面"转换的时候，可以使用"线"作为介质，一个"面"先转换为一根"线"，再通过这根"线"转换成另一个"面"。同样的道理，"线"和"线"转换时，可以使用"点"作为介质，一根"线"先转换成一个"点"，再通过这个"点"转换成另外一根"线"。

图5-12所示为一个"顺序播放"图标与"随机播放"图标之间的切换动效，"顺序播放"图标的路径由"线"收缩为一个"点"，然后在下方再添加一个"点"，两个"点"同时向外展开为"线"，从而切换到"随机播放"图标。

图 5-12 "顺序播放"与"随机播放"图标的切换动效

图5-13所示为一个"记事本"图标与"更多"图标之间的切换动效，"记事本"图标的路径由"线"收缩为"点"，然后再由"点"再展开为"线"，直到变成圆形，并进行旋转，从而实现从圆角矩形到圆形的切换动效。

图 5-13 "记事本"与"更多"图标的切换动效

4. 遮罩法

遮罩法也是图标动效常用的一种表现方法，两个图形之间转换时，可以使用其中一个图形作为另一个图形的遮罩，也就是边界，当被遮罩的图形放大的时候，因为另一个图形作为边界的缘故，转换成另一个图形的形状。

图5-14所示为一个"时间"图标与"字符"图标之间的切换动效，"时间"图标中指针图形越转越快，同时正圆形背景也逐渐放大，

图 5-14 "时间"与"字符"图标的切换动效

使用不可见的圆角矩形作为遮罩，当正圆形背景放大到一定程度时，被圆角矩形遮罩而表现为圆角矩形背景，而时间指针图形也通过位置和旋转属性的变化构成新的图形。

图5-15所示为一个"信息点"图标与"详情页"图标之间的切换动效，底部的小点通过位置属性变化移动至合适的位置，再通过大小属性变化逐渐变大，使用一个不可见的矩形作为遮罩，当圆形放大时，遮罩矩形成为它的边界，从而过渡到矩形的效果。

图 5-15 "信息点"与"详情页"图标的切换动效

5. 分裂融合法

分裂融合法是指构成图标的图形笔画相互融合变形从而切换为另外一个图标。分裂融合法尤其适用于其中一个图标是一个整体，另一个图标由多个分离的部分组成的情况。

图5-16所示为一个"加载"图标与"播放"图标之间的切换动效，"加载"图标的3个小点变形为弧线段并围绕中心旋转，再变形为3个小点，由3个小点相互融合变形过渡到三角形"播放"图标。

图5-17所示为一个正圆形图标与

图 5-16 "加载"与"播放"图标的切换动效

图 5-17 正圆形与网格形图标的切换动效

网格形图标之间的切换动效，正圆形缩小并逐渐按顺序分裂出 4 个圆角矩形，由正圆形分裂过渡到由 4 个圆角矩形构成的网格形图标。

6. 图标特性法

图标特性法是指根据所设计的图标在日常生活中的特征或者根据图标需要表达的实际意义来设计图标动效，这就要求设计师具有较强的观察能力和思维发散能力。

图 5-18 所示为一个"删除"图标动效，通过垃圾桶图形来表现该图标，在图标动效设计中，模拟垃圾桶的压缩及反弹以及盖子的下落，使得该"删除"图标的效果非常的生动。

图 5-18　"删除"图标动效

5.1.3　制作天气图标动效

天气图标是我们在 UI 中比较常见的一种图标类型，为天气图标加入动效，可以使天气图标的效果更加直观。本案例将通过各种类型的基础动画来表现组成天气图标的各部分元素的动效，重点在于各部分动效的合理衔接和细节的处理，从而使该图标的动效更加流畅、自然。

实战：制作天气图标动效
源文件：源文件 \ 第 5 章 \5-1-3.aep　　视频：视频 \ 第 5 章 \5-1-3.mp4

01. 在 Photoshop 中绘制出天气图标，对需要制作动效的图层进行划分，如图 5-19 所示，并将文件保存为"源文件 \ 第 5 章 \ 素材 \51301.psd"。在 After Effects 中新建一个空白的项目，执行"文件 > 导入 > 文件"命令，选择该文件，单击"导入"按钮，弹出设置对话框，设置如图 5-20 所示。

图 5-19　天气图标及图层　　　　　　　　　　　　图 5-20　设置对话框

02. 单击"确定"按钮，导入 PSD 文件，自动生成合成文件，如图 5-21 所示。在"项目"面板中的合成文件上单击鼠标右键，在弹出的菜单中选择"合成设置"命令，弹出"合成设置"对话框，设置"持续时间"为 4 秒，如图 5-22 所示，单击"确定"按钮。

图 5-21　导入 PSD 文件　　　　　　　　　　　　图 5-22　修改"持续时间"选项

03. 双击"项目"面板中的合成文件,在"合成"窗口中打开该合成文件,效果如图 5-23 所示。接下来需要分别制作每一个图层中的动效,在"时间轴"面板中将"背景"图层锁定,将"背景"和"天空"图层以外的所有图层暂时隐藏,如图 5-24 所示。

图 5-23 打开合成文件

图 5-24 锁定并隐藏相关图层

04. 选择"天空"图层,将"时间指示器"移至 0 秒的位置,按快捷键 S,显示该图层的"缩放"属性,设置该属性值为 0%,插入该属性关键帧,如图 5-25 所示。将"时间指示器"移至 0 秒 15 帧的位置,设置"缩放"属性值为 100%,效果如图 5-26 所示。

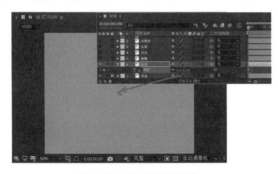

图 5-25 插入属性关键帧

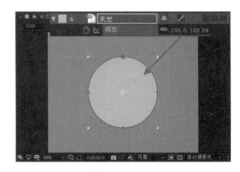

图 5-26 设置"缩放"属性值

05. 将"时间指示器"移至 0 秒 17 帧的位置,设置"缩放"为 90%,效果如图 5-27 所示。将"时间指示器"移至 0 秒 19 帧的位置,设置"缩放"为 100%;将"时间指示器"移至 0 秒 22 帧的位置,设置"缩放"为 95%;将"时间指示器"移至 1 秒的位置,设置"缩放"为 100%,"时间轴"面板如图 5-28 所示。

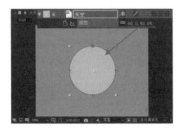

图 5-27 设置"缩放"属性值

图 5-28 "时间轴"面板

06. 同时选中该图层中的所有属性关键帧,按快捷键 F9,为其应用"缓动"效果,如图 5-29 所示。显示并选择"圆圈"图层,执行"效果 > 过渡 > 径向擦除"命令,应用"径向擦除"效果,在"效果控件"面板中显示该效果的相关属性选项,如图 5-30 所示。

图 5-29 为关键帧应用"缓动"效果

图 5-30 "径向擦除"效果属性

07. 将"时间指示器"移至 0 秒 15 帧的位置，单击"过渡完成"属性前的"时间变化秒表"图标，插入该属性关键帧，并设置该属性值为 100%，如图 5-31 所示。在"合成"窗口中可以看到该图层的图形完全被隐藏，如图 5-32 所示。

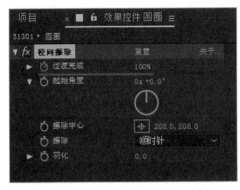

图 5-31 插入属性关键帧并设置属性值

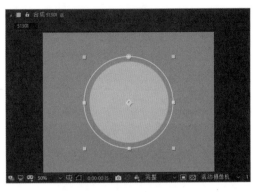

图 5-32 图形完全被隐藏

技巧： 在 After Effects 中为图层添加效果后，会自动显示"效果控件"面板，在该面板中可以对所添加的效果的相关属性进行设置，同时也可以在"效果控件"面板中为相应的属性插入关键帧，在该面板中插入属性关键帧与在该图层下的"效果"选项中为相应的属性插入关键帧是完全一样的。

08. 按快捷键 U，在"圆圈"图层下方只显示添加了关键帧的属性，如图 5-33 所示。将"时间指示器"移至 1 秒的位置，设置"过渡完成"属性值为 0%，效果如图 5-34 所示。

图 5-33 只显示添加了关键帧的属性

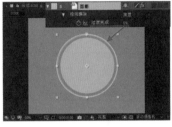

图 5-34 设置属性值效果

09. 显示并选择"白云"图层，将"时间指示器"移至 1 秒的位置，按快捷键 S，显示该图层的"缩放"属性，设置该属性值为 0%，插入该属性关键帧，如图 5-35 所示。将"时间指示器"移至 1 秒 15 帧的位置，设置"缩放"属性值为 100%，效果如图 5-36 所示。

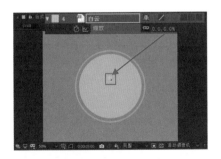

图 5-35 插入属性关键帧

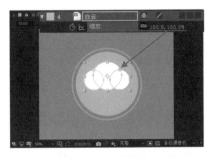

图 5-36 设置属性值效果

10. 将"时间指示器"移至 1 秒 17 帧的位置，设置"缩放"为 90%；将"时间指示器"移至 1 秒 19 帧的位置，设置"缩放"为 100%；将"时间指示器"移至 1 秒 22 帧的位置，设置"缩放"为 95%；将"时间指示器"移至 2 秒的位置，设置"缩放"为 100%，"时间轴"面板如图 5-37 所示。同时选中该图层中的所有属性关键帧，按快捷键 F9，为其应用"缓动"效果，如图 5-38 所示。

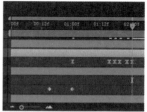

图 5-37 "时间轴"面板

图 5-38 应用"缓动"效果

11. 拖动鼠标同时选中"白云"图层中的所有属性关键帧,按组合键 Ctrl+C 进行复制,选择并显示"太阳"图层,将"时间指示器"移至 1 秒 15 帧的位置,按组合键 Ctrl+V 进行粘贴,如图 5-39 所示,完成该图层对象的缩放动画制作,效果如图 5-40 所示。

图 5-39 复制并粘贴关键帧

图 5-40 "合成"窗口效果

12. 显示并选择"太阳光"图层,将"时间指示器"移至 2 秒 15 帧的位置,按快捷键 T,显示该图层的"不透明度"属性,设置其值为 0%,为该属性插入关键帧,如图 5-41 所示。将"时间指示器"移至 2 秒 20 帧的位置,设置"不透明度"为 100%,效果如图 5-42 所示。

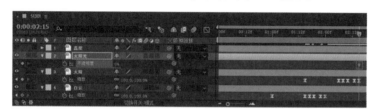

图 5-41 插入属性关键帧

图 5-42 设置属性值效果

13. 按快捷键 R,显示该图层的"旋转"属性,为该属性插入关键帧,如图 5-43 所示。将"时间指示器"移至 3 秒 23 帧的位置,设置"旋转"属性值为 1x,如图 5-44 所示。

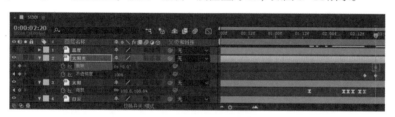

图 5-43 插入属性关键帧

图 5-44 设置"旋转"属性值

14. 拖动鼠标同时选中"太阳"图层中的所有属性关键帧,按组合键 Ctrl+C 进行复制,选择并显示"温度"图层,将"时间指示器"移至 1 秒 15 帧的位置,按组合键 Ctrl+V 进行粘贴,如图 5-45 所示,完成该图层对象的缩放动画制作,效果如图 5-46 所示。

图 5-45 复制并粘贴关键帧

图 5-46 "合成"窗口效果

After Effects 移动 UI 交互动效设计与制作(全彩慕课版)

15. 完成该天气图标动效的制作，在"时间轴"面板中可以看到各图层中的动画属性关键帧，如图 5-47 所示。

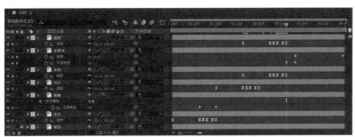

图 5-47 "时间轴"面板

16. 单击"预览"面板上的"播放 / 停止"按钮▶️，可以在"合成"窗口中预览动效。也可以根据前面介绍的渲染输出方法，将该动效渲染输出为视频文件，再使用 Photoshop 将其输出为 GIF 格式的动效图片，效果如图 5-48 所示。

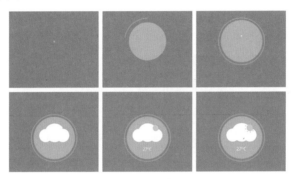

图 5-48 天气图标动效

5.1.4 制作日历图标动效

设计动态的图标效果，可以使该图标更加直观，具有更强烈的视觉表现力。本小节将带领读者完成一个日历图标动效的制作，在日常生活中，日历最常见的效果就是翻页，本案例所制作的日历图标动效实现的就是日历的翻页效果，使得该日历图标更加生动。

实战： 制作日历图标动效
源文件：源文件 \ 第 5 章 \5-1-4.aep   视频：视频 \ 第 5 章 \5-1-4.mp4

扫码看视频

01. 在 After Effects 中新建一个空白的项目，执行"文件 > 导入 > 文件"命令，选择素材"源文件 \ 第 5 章 \ 素材 \51401.psd"，单击"导入"按钮，弹出设置对话框，设置如图 5-49 所示。单击"确定"按钮，导入 PSD 素材，自动生成合成文件，如图 5-50 所示。

图 5-49 设置对话框

图 5-50 导入 PSD 素材文件

02. 在合成文件上单击鼠标右键，在弹出的菜单中选择"合成设置"命令，弹出"合成设置"对话框，设置"持续时间"为3秒，如图5-51所示，单击"确定"按钮。在"项目"面板中双击"51401"合成文件，在"合成"窗口中可以看到该合成文件的效果，如图5-52所示。

图5-51　修改"持续时间"选项　　　　　　　　图5-52　打开合成文件

03. 在"时间轴"面板中可以看到该合成文件中的相关图层，将"背景"和"阴影"图层锁定，如图5-53所示。同时选中其他3个图层，执行"图层>预合成"命令，弹出"预合成"对话框，设置如图5-54所示。

图5-53　锁定相应的图层　　　　　　　　图5-54　设置"预合成"对话框中的参数

04. 单击"确定"按钮，将所选中的图层创建为预合成文件，如图5-55所示。按组合键Ctrl+D两次，将"底层"图层复制两次，并将复制得到的图层分别重命名为"上层"和"中间层"，如图5-56所示。

图5-55　创建预合成文件　　　　　　　　图5-56　复制图层并重命名

05. 选择"上层"，使用"矩形工具"，在"合成"窗口中绘制一个矩形，从而为该图层添加一个矩形蒙版，如图5-57所示。选择"上层"下的"蒙版1"选项，按组合键Ctrl+C，复制蒙版，选择"中间层"，按组合键Ctrl+V，粘贴蒙版，使用"选取工具"，在"合成"窗口中将粘贴得到的矩形蒙版图形向下移至合适的位置，如图5-58所示。

图5-57　绘制矩形蒙版　　　　　　　　图5-58　复制、粘贴并移动蒙版路径

After Effects 移动 UI 交互动效设计与制作（全彩慕课版）

112

06. 选择"上层"，单击该图层的"3D 图层"按钮，将其转换为 3D 图层，如图 5-59 所示。将"时间轴"面板中的"中间层"和"底层"暂时隐藏，展开"上层"的"变换"选项，在起始位置为"X 轴旋转"属性插入关键帧，如图 5-60 所示。

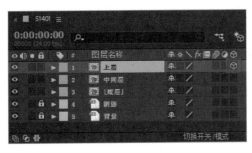

图 5-59　转换为 3D 图层　　　　　　　　图 5-60　插入属性关键帧

07. 按快捷键 U，只显示该图层插入了关键帧的属性，将"时间指示器"移至 0 秒 12 帧的位置，设置"X 轴旋转"属性值为 90°，效果如图 5-61 所示。同时选中两个关键帧，按快捷键 F9，为这两个关键帧应用"缓动"效果，如图 5-62 所示。

图 5-61　设置属性值效果　　　　　　　　图 5-62　为关键帧应用"缓动"效果

08. 显示"中间层"，单击该图层的"3D 图层"按钮，将其转换为 3D 图层，将"时间指示器"移至 0 秒 12 帧的位置，展开该图层的"变换"选项，为"X 轴旋转"属性插入关键帧，并设置该属性值为 - 90°，如图 5-63 所示，"合成"窗口中的效果如图 5-64 所示。

 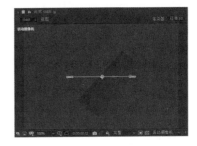

图 5-63　插入关键帧并设置属性值　　　　图 5-64　元素效果

09. 按快捷键 U，只显示该图层插入了关键帧的属性，将"时间指示器"移至 1 秒的位置，设置"X 轴旋转"属性值为 0.0°，如图 5-65 所示。将"时间指示器"移至 1 秒 7 帧的位置，设置"X 轴旋转"属性值为 - 15.0°，如图 5-66 所示。

 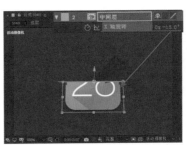

图 5-65　设置属性值效果　　　　　　　　图 5-66　设置属性值效果

10. 将"时间指示器"移至 1 秒 12 帧的位置，设置"X 轴旋转"属性值为 0.0°，如图 5-67 所示。同时选中该图层中的 4 个关键帧，按快捷键 F9，为这 4 个关键帧应用"缓动"效果，如图 5-68 所示。

图 5-67　设置属性值效果　　　　　　　　图 5-68　为关键帧应用"缓动"效果

11. 在"时间轴"面板中显示出"底层"，不要选择任何图层，选择"圆角矩形工具"，在工具栏中设置"填充"为黑色，"描边"为无，选中"贝塞尔曲线路径"复选框，如图 5-69 所示。在"合成"窗口中绘制一个圆角矩形，如图 5-70 所示。

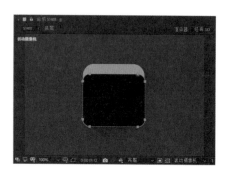

图 5-69　设置相关选项　　　　　　　　图 5-70　绘制圆角矩形

12. 使用"选取工具"结合"转换'顶点'工具"对该圆角矩形路径进行调整，如图 5-71 所示。将该图层调整至"中间层"下方，"底层"上方，如图 5-72 所示。

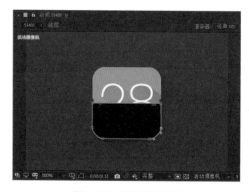

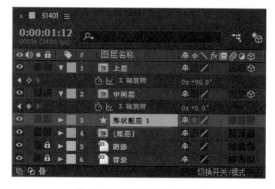

图 5-71　调整圆角矩形　　　　　　　　图 5-72　调整图层叠放顺序

13. 将"时间指示器"移至 0 秒 12 帧的位置，选择"形状图层 1"，按快捷键 T，显示该图层的"不透明度"属性，为该属性插入关键帧，并设置该属性值为 0%，如图 5-73 所示。将"时间指示器"移至 1 秒的位置，设置"不透明度"属性为 70%，如图 5-74 所示。

图 5-73　插入属性关键帧并设置属性值　　　　图 5-74　设置属性值

14. 完成该日历图标动效的制作，单击"预览"面板上的"播放/停止"按钮▶，可以在"合成"窗口中预览动画效果。也可以根据前面介绍的渲染输出方法，将该动效渲染输出为视频文件，再使用Photoshop将其输出为GIF格式的动效图片，效果如图5-75所示。

图 5-75　日历图标动效

5.2　加载进度条与开关按钮动效

移动App还有一种常见的动效就是进度条，进度条动效，可以使用户了解当前的操作进度，给用户带来心理暗示，使用户能够耐心等待，从而提升用户体验。

5.2.1　常见的加载进度条表现形式

在浏览移动App时，因为网速慢或是硬件差的关系，难免会遇上等待加载的情况，没人喜欢等待，耐心差的用户可能会因为操作得不到及时反馈而直接选择放弃。这时候为UI设计一个加载进度动效，能够有效减少用户的焦虑感。

进度条元素是移动App在处理任务时以图形方式显示的处理当前任务的进度、完成度，剩余未完成任务量的大小和完成可能需要的时间，例如下载进度、视频播放进度等。大多数移动UI中的进度条是以长条矩形的形式显示的，进度条的设计方法相对比较简单，重点是色彩的应用和质感的体现，如图5-76所示。

进度条动效一般用于界面或内容需要较长时间加载时，通常配合百分比数值，让用户对当前加载进度和剩余等待时间有个明确的心理预期。

图 5-76　常见的进度条效果

图 5-77　长条矩形进度条动效

长条矩形的进度条是我们在移动App中最常见的进度条表现形式。图5-77所示的进度条动效使用折纸图形来代替长条矩形形状，并且结合热气球和云朵图形的飘动，非常直观地表现出当前的进度，给用户很好的提示。

圆形的进度条也是目前比较常见的一种进度条动效表现形式。图5-78所示的进度条将圆形与贪吃蛇形象很好地结合在一起，贪吃蛇围绕圆心旋转，吃掉所有圆点，则加载完成，形象而富有趣味。

图5-79所示的租车App在界面内容载入之前添加了加载动效，简洁的地图背景与鲜明的Logo有效突出品牌，在界面中通过动效表现出发地与目的地，通过汽车沿路线的运动，很好地表现出该App的特点，将界面的加载过程与该App的特点相结合。

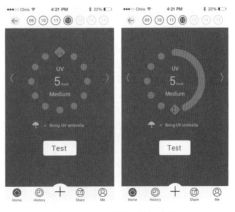

图 5-78　圆形进度条动效

图 5-79　租车 App 的加载动效

5.2.2　制作常见的矩形进度条动效

进度条能够表现出当前的加载进度，为用户带来最直观的体验，避免用户的盲目等待，加载进度条能够有效提升 App 的用户体验。本小节将带领读者完成一个矩形进度条动效的制作，主要通过路径的变形来制作进度条的动效，并且通过设置"颜色"属性，制作出在进度条长度变化的同时色彩也一起变化的效果。

> **实战：** 制作常见的矩形进度条动效
> 源文件：源文件 \ 第 5 章 \5-2-2.aep　　　视频：视频 \ 第 5 章 \5-2-2.mp4

01. 在 After Effects 中新建一个空白的项目，执行"文件 > 导入 > 文件"命令，选择素材"源文件 \ 第 5 章 \ 素材 \52201.psd"，单击"导入"按钮，弹出设置对话框，设置如图 5-80 所示。单击"确定"按钮，导入 PSD 素材，自动生成合成文件，如图 5-81 所示。

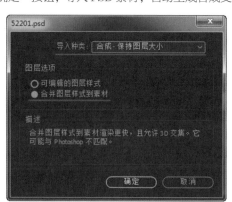

图 5-80　设置对话框

图 5-81　导入 PSD 素材文件

02. 在"项目"面板中的合成文件上单击鼠标右键，在弹出的菜单中选择"合成设置"命令，弹出"合成设置"对话框，设置"持续时间"为 5 秒，如图 5-82 所示，单击"确定"按钮。双击"项目"面板中的合成文件，在"合成"窗口中打开该合成文件，在"时间轴"面板中可以看到相应的图层，将两个图层锁定，如图 5-83 所示。

图 5-82　修改"持续时间"选项

图 5-83　打开合成文件并锁定图层

03. 选择"钢笔工具"，在工具栏中设置"填充"为无，"描边"为#FF6469，"描边宽度"为22像素，在画布中绘制直线，如图5-84所示。将得到的"形状图层1"重命名为"进度条"，展开"内容"选项中的"形状1"选项中的"描边1"选项，设置"线段端点"属性为"圆头端点"，如图5-85所示。

图 5-84　绘制直线

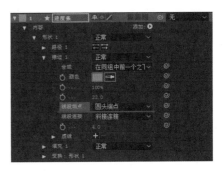

图 5-85　设置"线段端点"属性

04. 在"合成"窗口中可以看到所绘制的直线段端点的效果，将直线段调整至合适的长度，如图5-86所示。展开"进度条"图层，单击"内容"选项右侧的"添加"按钮，在弹出的菜单中选择"修剪路径"选项，添加"修剪路径"属性，如图5-87所示。

图 5-86　调整直线长度

图 5-87　添加"修剪路径"属性

05. 将"时间指示器"移至0秒的位置，为"修剪路径1"选项中的"结束"属性插入关键帧，并设置该属性值为0%，如图5-88所示。将"时间指示器"移至1秒的位置，设置"结束"属性值为15%，如图5-89所示。

图 5-88　插入属性关键帧并设置属性值

图 5-89　设置属性值效果

06. 将"时间指示器"移至3秒的位置，设置"结束"属性值为80%，如图5-90所示。将"时间指示器"移至4秒的位置，设置"结束"属性值为100%，如图5-91所示。

图 5-90　设置属性值效果

图 5-91　设置属性值效果

07. 同时选中该属性的4个关键帧，按快捷键F9，为其应用"缓动"效果，如图5-92所示。将"时间指示器"移至0秒的位置，为"形状1"选项下"描边1"选项下的"颜色"属性插入关键帧，按快捷键U，只显示插入了关键帧的属性，如图5-93所示。

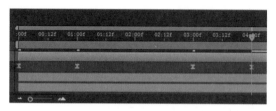

图 5-92 为关键帧应用"缓动"效果

图 5-93 只显示插入了关键帧的属性

08. 将"时间指示器"移至4秒的位置，修改"颜色"属性值为#FFE417，效果如图5-94所示，"时间轴"面板如图5-95所示。

图 5-94 修改"颜色"属性

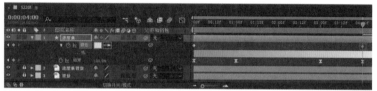

图 5-95 "时间轴"面板

09. 将"时间指示器"移至起始位置，执行"图层>新建>文本"命令，添加一个空文本图层，如图5-96所示。选中该文本图层，执行"效果>文本>编号"命令，弹出"编号"对话框，设置如图5-97所示。

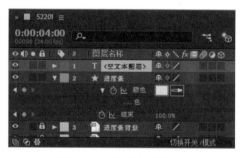

图 5-96 新建空文本图层

图 5-97 设置"编号"对话框中的参数

10. 单击"确定"按钮，为该图层应用"编号"效果，在"效果控件"面板中对相关选项进行设置，如图5-98所示。在"合成"窗口中将编号数字调整至合适的位置，如图5-99所示。

图 5-98 设置"编号"效果属性

图 5-99 调整编号数字位置

11. 不要选择任何对象,选择"横排文字工具",在"合成"窗口中单击并输入文字,如图5-100所示。将"时间指示器"移至0秒的位置,选择"空文本图层",展开"效果"下的"编号"下的"格式"选项,为"数值/位移/随机最大"属性插入关键帧,如图5-101所示。

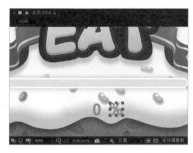

图5-100 输入文字　　　　　　　　　　图5-101 插入属性关键帧

12. 将"时间指示器"移至1秒的位置,修改"数值/位移/随机最大"属性值为15.00,如图5-102所示。将"时间指示器"移至3秒的位置,修改"数值/位移/随机最大"属性值为80.00,如图5-103所示。

图5-102 设置属性值效果　　　　图5-103 设置属性值效果

13. 将"时间指示器"移至4秒的位置,修改"数值/位移/随机最大"属性值为100.00,如图5-104所示。完成该加载进度条动效的制作,在"时间轴"面板中可以看到各图层的属性关键帧,如图5-105所示。

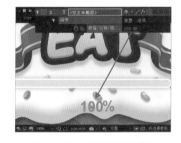
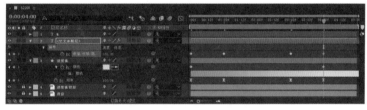

图5-104 设置属性值效果　　　　　　　　图5-105 "时间轴"面板

14. 单击"预览"面板上的"播放/停止"按钮 ▶,可以在"合成"窗口中预览动效。也可以根据前面介绍的渲染输出方法,将该动效渲染输出为视频文件,再使用Photoshop将其输出为GIF格式的动效图片,效果如图5-106所示。

图5-106 矩形进度条动效

5.2.3 开关按钮的功能特点

开关，顾名思义，就是开启和关闭，开关按钮是移动 App 中的常见的元素，一般用于打开或关闭某个功能。在移动操作系统中，开关按钮的应用非常常见，通过开关按钮来打开或关闭应用中的某种功能这样的设计符合现实生活的经验，是一种习惯用法。

移动 UI 中的开关按钮用于展示当前功能的状态，用户通过点击或"滑动"可以切换该功能的状态，其表现形式常见的有矩形和圆形两种，如图 5-107 所示。

App界面中开关元素的设计非常简约，通常使用基本图形配合不同的颜色来表现该功能的打开或关闭。

图 5-107　常见功能开关按钮效果

5.2.4 制作开关按钮动效

在移动 UI 设计中常常可以为开关按钮控件添加动效，当用户进行操作时，可以通过交互动效的形式向用户展示功能切换过程，给人一种动态、流畅的感觉。

实战：制作开关按钮动效
源文件：源文件 \ 第 5 章 \5-2-4.aep　　　视频：视频 \ 第 5 章 \5-2-4.mp4

扫码看视频

01. 在 After Effects 中新建一个空白的项目，执行"文件 > 导入 > 文件"命令，选择素材文件"源文件 \ 第 5 章 \52401.psd"，单击"导入"按钮，弹出设置对话框，设置如图 5-108 所示。单击"确定"按钮，导入 PSD 素材，自动生成合成文件，如图 5-109 所示。

图 5-108　设置对话框　　　　　　　图 5-109　导入 PSD 素材文件

02. 双击"项目"面板中的合成文件，在"合成"窗口中打开该合成文件，在"时间轴"面板中可以看到相应的图层，如图 5-110 所示。不要选择任何对象，选择"圆角矩形工具"，在工具栏中设置"填充"为黑色，"描边"为无，在"合成"窗口中绘制圆角矩形，如图 5-111 所示。

图 5-110　打开合成文件　　　　　　图 5-111　绘制圆角矩形

03. 在"时间轴"面板中将该图层重命名为"开关背景"，展开该图层下的"矩形 1"选项中的"矩形路径 1"选项，调整"圆度"属性，使圆角矩形的两端呈现圆弧形效果，如图 5-112 所示。不要选择任何对象，选择"椭圆工具"，在工具栏中设置"填充"为白色，"描边"为无，在"合成"窗口中按住 Shift 键拖动光标绘制正圆形，调整该正圆形到合适的大小和位置，如图 5-113 所示。

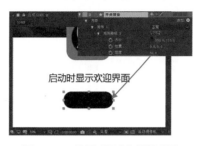

图 5-112　设置"圆度"属性效果　　　　图 5-113　绘制并调整正圆形

04. 在"时间轴"面板中将该图层重命名为"圆"，展开该图层的"变换"选项，设置"不透明度"为 75%，效果如图 5-114 所示。将"时间指示器"移至 0 秒 12 帧的位置，按快捷键 P，显示该图层的"位置"属性，为该属性插入关键帧，如图 5-115 所示。

图 5-114　设置"不透明度"属性　　　　　　图 5-115　插入属性关键帧

05. 将"时间指示器"移至 1 秒的位置，在"合成"窗口中将该正圆形向右移至合适的位置，如图 5-116 所示。将"时间指示器"移至 2 秒的位置，单击"圆"图层下的"位置"属性前的"添加或移除关键帧"按钮，添加该属性关键帧，如图 5-117 所示。

图 5-116　移动正圆形　　　　　　　　　图 5-117　添加属性关键帧

06. 将"时间指示器"移至 2 秒 12 帧的位置，选择 0 秒 12 帧位置上的关键帧，按组合键 Ctrl+C 进行复制，按组合键 Ctrl+V，将其粘贴到 2 秒 12 帧的位置，如图 5-118 所示。同时选中此处的 4 个关键帧，按快捷键 F9，为其应用"缓动"效果，如图 5-119 所示。

图 5-118　复制并粘贴关键帧效果　　　　图 5-119　应用"缓动"效果

07. 单击"时间轴"面板上的"图表编辑器"按钮，进入图表编辑器状态，单击"使所有图表适于查看"按钮，使该部分图表充满整个面板，如图 5-120 所示。单击曲线锚点，拖动方向线调整运动速度曲线，如图 5-121 所示。

图 5-120　进入图表编辑器状态

图 5-121　调整速度曲线

08. 再次单击"图表编辑器"按钮，返回到默认状态。将"时间指示器"移至 0 秒 12 帧的位置，选择"开关背景"图层，展开该图层下的"内容"选项中的"矩形 1"选项中的"填充 1"选项，为"颜色"属性插入关键帧，如图 5-122 所示。将"时间指示器"移至 1 秒的位置，修改"颜色"为 #FF006B，效果如图 5-123 所示。

图 5-122　插入属性关键帧

图 5-123　修改属性值效果

09. 将"时间指示器"移至 2 秒的位置，单击"开关背景"图层下的"颜色"属性前的"添加或移除关键帧"按钮，添加该属性关键帧，如图 5-124 所示。将"时间指示器"移至 2 秒 12 帧的位置，修改"颜色"为黑色，效果如图 5-125 所示。

图 5-124　添加属性关键帧

图 5-125　修改属性值效果

10. 将"时间指示器"移至 1 秒的位置，不要选择任何对象，选择"椭圆工具"，设置"填充"为 #F0D918，"描边"为无，在"合成"窗口中按住 Shift 键拖动光标，绘制一个正圆形，如图 5-126 所示。展开"形状图层 1"下的"椭圆 1"选项中的"椭圆路径 1"选项，为"大小"属性插入关键帧，如图 5-127 所示。

图 5-126　绘制正圆形

图 5-127　插入属性关键帧

11. 将该图层移至"白色"图层的上方，将"时间指示器"移至 1 秒 8 帧的位置，修改"大小"属性值，使该正圆形能够覆盖整个"白色"图层的区域，如图 5-128 所示。选择"白色"图层，按组合键 Ctrl+D，原位复制该图层得到"白色 2"图层，将其移至"形状图层 1"上方，如图 5-129 所示。

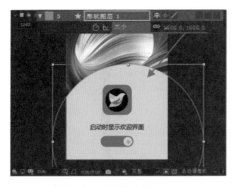
图 5-128　设置属性值效果

图 5-129　复制图层并调整图层顺序

12. 在"时间轴"面板中显示出"转换控制"选项，选择"形状图层 1"，设置该图层的"TrkMat"选项为"Alpha 遮罩'白色 2'"，如图 5-130 所示。在"合成"窗口中可以看到创建遮罩后的效果，如图 5-131 所示。

图 5-130　设置"TrkMat"选项

图 5-131　设置"TrkMat"选项后效果

13. 将"时间指示器"移至 2 秒 12 帧的位置，单击"形状图层 1"下的"大小"属性前的"添加或移除关键帧"按钮，添加该属性关键帧，如图 5-132 所示。将"时间指示器"移至 2 秒 20 帧的位置，修改"大小"属性值，使该正圆形缩小至被其他元素覆盖，如图 5-133 所示。

图 5-132　添加属性关键帧

图 5-133　设置属性值效果

14. 选择"圆"图层，为该图层开启"运动模糊"功能，如图 5-134 所示。在"项目"面板中的"52401"合成文件上单击鼠标右键，在弹出的菜单中选择"合成设置"选项，弹出"合成设置"对话框，修改"持续时间"为 4 秒，如图 5-135 所示。单击"确定"按钮，完成"合成设置"对话框中的参数的设置。

图 5-134　开启"运动模糊"功能

图 5-135　修改"持续时间"选项

15. 完成该开关按钮动效的制作，单击"预览"面板上的"播放 / 停止"按钮▶，可以在"合成"窗口中预览动效。也可以根据前面介绍的渲染输出方法，将该动效渲染输出为视频文件，再使用 Photoshop将其输出为 GIF 格式的动效图片，效果如图 5-136 所示。

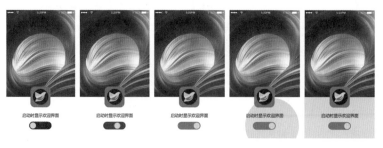

图 5-136 开关按钮动效

5.3 文字动效

文字是 UI 中重要的元素之一，随着如今设计的共融，设计的边界也越来越模糊，过去 UI 中的静态主题文字遇上今天的交互设计，使原本安静的文字动了起来。

5.3.1 文字动效的优势

文字在以往 UI 设计里经常被提及的是字体范式，重在其形。文字动效很少被人提及，一来是技术限制，二来是设计理念不同，不过随着简约设计的流行，如果能够让文字在界面中"动"起来，即使是简单的图文界面也会立即"活"起来，带给用户不一样的视觉体验。

图 5-137 所示为一个文字粒子消散动效，主要是通过文字的遮罩与粒子飘散动画效果相结合，从而实现仿佛文字的笔画逐个转变为细小的粒子飘散，最终消失的效果。这种粒子消散的动效在影视后期制作中的应用很常见，具有很强的视觉效果。

文字动效在 UI 设计中的优势主要表现在以下几个方面。

（1）文字动效除了看起来漂亮和可以取悦用户以外，也解决了很多界面上的实际问题。动效起到了一个"传播者"的作用，比起静态文字描述，动态文字能使内容表达得更彻底、简洁且更具冲击力。

（2）运动的物体可以吸引人的注意力。让界面中的主题文字动起来是一个很好的突出表现主题的方式，且不会让用户感觉突兀。

（3）文字动效能够在一定程度上丰富UI，提升界面的设计感，使 UI 充满活力。

手写文字是一种常见的文字动效，图5-138 所示的手写文字动效将炫彩的墨点图形与文字笔画的手写效果结合，使得该文字的手写动效更加富有动感和时间感。

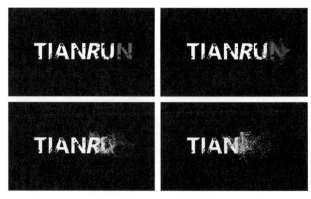

图 5-137 文字粒子消散动效

图 5-138 文字手写动效

5.3.2 文字动效的常见表现形式

文字动效的制作方法与其他元素动效的制作方法类似，大多数都是通过改变文字基础属性来实现的，还有的通过为文字添加蒙版或添加效果来实现各种特殊的文字动效，下面向读者介绍几种常见的文字动效表现形式。

1. 基础文字动效

最简单的就是基础的文字动效，基于文字的位置、旋转、缩放、不透明度、填充和描边等基础属性来制作关键帧动画，可以逐字逐词制作动效，也可以为完整的一句文本内容制作动效，灵活运用基础属性可以制作出丰富的动效。

图5-139所示为一个基础文字动效，两部分文字分别从左侧和底部模糊入场，通过文字的"撞击"，使上面颠倒的文字翻转为正常的效果，从而构成完整的文字内容。

图 5-139　基础文字动效

2. 文字遮罩动效

遮罩是动效中非常常见的一种表现形式，在文字动效中也不例外。文字遮罩动效的表现形式非常多，但需要注意的是，在设计文字动效时，形式勿大于内容。

图5-140所示为一个文字运动遮罩动效，一个矩形图形在界面中左右移动，每移动一次都会通过遮罩的形式表现出新的主题文字内容，最后使用遮罩的形式使主题文字内容消失，从而实现动效的循环，在动效中适当地为元素加入了缓动和模糊效果，使得动效更加自然。

图 5-140　文字运动遮罩动效

3. 与手势结合的文字动效

随着智能设备的兴起，"手势动画"也大热起来。这里所说的"手势"指的是真正的手势，即让手势参与到文字动效中来，可以简单地理解为在文字动效的基础上加上"手"这个元素。

图5-141所示为一个与手势相结合的文字动效，通过人物的手势将主题文字放置在场景中，并且通过手指的滑动显示相应的文字内容，最后通过人物的抓取手势，制作出主题文字整体消失的效果。将文字动效与人物操作手势相结合，给人一种非常新奇的感觉。

图 5-141　与手势相结合的文字动效

4. 粒子消散动效

将文字内容与粒子动效相结合可以制作出文字的粒子消散动效，能够给人很强的视觉冲击。尤其是在 After Effects 中，利用各种粒子插件，如Trapcode Particular、Trapcode Form 等，可以制作出多种炫酷的粒子动效。

图5-142所示为一个文字粒子消散动效，主题文字转变为细小的粒子并逐渐扩散，从而实现转场，转场后大量粒子逐渐聚集形成新的主题文字内容。使用粒子动效的形式来表现文字效果，给人一种炫酷的感觉。

图 5-142　文字粒子消散动效

5. 光效文字动效

在文字动效中加入光晕或光线的效果，通过光晕或光线的变换来表现出主题文字，可以使文字效果更加富有视觉冲击力。

图5-143所示为一个光效文字动效，通过光晕动效与文字的3D翻转相结合来表现主题文字，视觉效果强烈，能够给人较强的视觉冲击。

图 5-143　光效文字动效

6. 路径生成动效

这里所说的"路径"不是给文字做路径动效，而是给其他元素，比如线条或者粒子做路径动效，最后以"生成"的形式表现出主题文字内容。这种基于路径来表现的形式，可以使文字动效更加绚丽。

图 5-144 所示为一个路径生成文字动效，两条颜色互为对比色的线条沿圆形路径运动，并逐渐缩小圆形路径范围，最终形成强光点，然后采用遮罩的形式从中心位置向四周逐渐扩散来表现出主题文字内容，在整个动效过程中还加入了粒子效果，使得文字动效更加绚丽多彩。

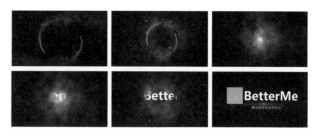

图 5-144　路径生成文字动效

7. 动态文字云

在文字排版中，"文字云"的形式越来越受到大家的喜欢，那么，我们同样可以使用文字云的形式来表现文字动效，既能够表现文字内容，也能够通过文字所组合成的形状表现其主题。

图 5-145 所示为一个文字云动效，主题文字和与其相关的各种关键词内容从各个方向飞入组成汽车形状图形，非常生动并富有个性。

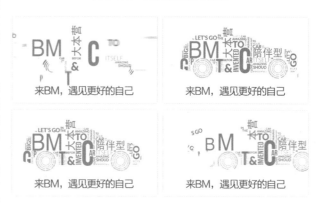

图 5-145　文字云动效

> **提示：** 除了以上所介绍的这几种常见的文字动效表现形式外，还有许多其他的文字动效表现形式，但是当我们仔细进行分析后可以发现，这些文字动效基本上都是通过基本动画结合遮罩或一些特效表现出来的，这就要求我们在文字动效的制作过程中能够灵活地运用各种基础动画表现形式。

5.3.3　制作手写文字动效

手写文字动效是一种非常常见的文字动效表现形式，搭配手写字体，能够表现出很强的视觉效果，适用于表现产品的主题。本小节将带领读者完成一个手写文字动效的制作，在该动效的制作过程中主要是通过蒙版与"描边"效果相结合来实现文字的手写效果。

> **实战：** 制作手写文字动效
> 源文件：源文件 \ 第 5 章 \5-3-3.aep　　　视频：视频 \ 第 5 章 \5-3-3.mp4

扫码看视频

01. 在 After Effects 中新建一个空白的项目，执行"合成 > 新建合成"命令，弹出"合成设置"对话框，对相关选项进行设置，如图 5-146 所示。单击"确定"按钮，新建合成文件。执行"文件 > 导入 > 文件"命令，导入素材"源文件 \ 第 5 章 \ 素材 \53301.jpg"和"源文件 \ 第 5 章 \ 素材 \53302.png"，"项目"面板如图 5-147 所示。

图 5-146　设置"合成设置"对话框中的参数

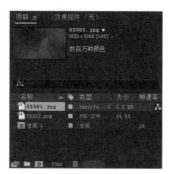

图 5-147　导入素材图像

02. 将"53301.jpg"素材从"项目"面板中拖入"时间轴"面板，将该图层锁定，如图 5-148 所示。选择"横排文字工具"，在"合成"窗口中单击并输入相应的文字，在"字符"面板中对文字的相关属性进行设置，如图 5-149 所示。

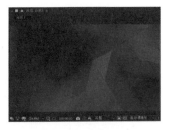

图 5-148　拖入素材图像　　　　　　　　　　图 5-149　输入文字

03. 在"合成"窗口中选择文字，打开"对齐"面板，单击"水平居中对齐"和"垂直居中对齐"按钮，对齐文字，如图 5-150 所示。选择文字图层，使用"钢笔工具"，在"合成"窗口中沿着文字笔画绘制路径，如图 5-151 所示。

图 5-150　"对齐"面板　　　　　　　　　　图 5-151　绘制路径

提示： 使用"钢笔工具"沿文字笔画绘制路径时，需要尽可能按照文字的正确笔画书写顺序来绘制路径，并且尽量将路径绘制在文字笔画的中间位置，而且要保持所绘制的路径为一条完整的路径。

04. 执行"效果 > 生成 > 描边"命令，为刚绘制的路径应用"描边"效果，在"效果控件"面板中设置"画笔大小"属性，如图 5-152 所示。在"合成"窗口中观察描边效果是否能够把文字笔画完全覆盖，效果如图 5-153 所示。

图 5-152　设置属性　　　　　　　　　　图 5-153　观察路径描边效果

05. 在"效果控件"面板中设置"绘画样式"属性为"显示原始图像"，如图 5-154 所示。在"合成"窗口中可以看到原始文字的效果，如图 5-155 所示。

图 5-154　设置属性　　　　　　　　　　图 5-155　显示出原始文字效果

提示： 在此处的"效果控件"面板中设置"画笔大小"属性时，注意观察"合成"窗口中的描边效果，描边效果能够完全覆盖文字的笔画即可。而将"绘画样式"属性设置为"显示原始图像"，是因为需要制作原始文字的手写动效，而这里所设置的描边效果只相当于文字笔画的遮罩。

06. 将"时间指示器"移至起始位置，展开文字图层中"效果"选项中的"描边"选项，设置"结束"属性为 0%，并为该属性插入关键帧，如图 5-156 所示。在"合成"窗口中可以看到文字被完全隐藏，只显示刚绘制的笔画路径，如图 5-157 所示。

图 5-156 插入属性关键帧

图 5-157 "合成"窗口显示效果

07. 选择文字图层，按快捷键 U，在其下方只显示添加了关键帧的属性。将"时间指示器"移至 3 秒的位置，设置"结束"属性值为 100%，如图 5-158 所示。在"合成"窗口中可以看到文字完全显示，如图 5-159 所示。

图 5-158 设置属性值

图 5-159 "合成"窗口显示效果

08. 同时选中该图层的两个关键帧，按快捷键 F9，为选中的关键帧应用"缓动"效果，如图 5-160 所示。将"53302.png"从"项目"面板中拖入"时间轴"面板，在"合成"窗口中将该素材图像调整到合适的大小和位置，如图 5-161 所示。

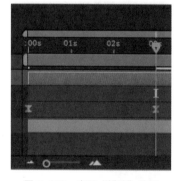

图 5-160 应用"缓动"效果

图 5-161 拖入素材图像并调整大小和位置

09. 选中该素材图像，使用"钢笔工具"，在"合成"窗口中沿着素材笔画绘制路径，如图 5-162 所示。执行"效果>生成>描边"命令，为所绘制的路径应用"描边"效果，在"效果控件"面板中设置"画笔大小"选项，设置"绘画样式"选项为"显示原始图像"，如图 5-163 所示。

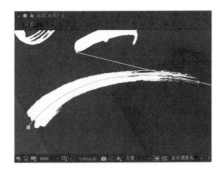

图 5-162　绘制路径　　　　　　　　　　　　图 5-163　设置相关属性

10. 将"时间指示器"移至 3 秒的位置，展开该素材图层中"效果"选项中的"描边"选项，设置"结束"属性为 0，并为该属性插入关键帧，按快捷键 U，在该素材图层下方只显示添加了关键帧的属性，如图 5-164 所示。在"合成"窗口中可以看到素材图像被完全隐藏，只显示刚绘制的路径，如图 5-165 所示。

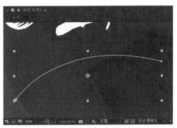

图 5-164　只显示插入了关键帧的属性　　　　　　图 5-165　"合成"窗口显示效果

11. 将"时间指示器"移至 3 秒 18 帧的位置，设置"结束"属性值为 100%，如图 5-166 所示。同时选中该图层的两个关键帧，按快捷键 F9，为选中的关键帧应用"缓动"效果，如图 5-167 所示。

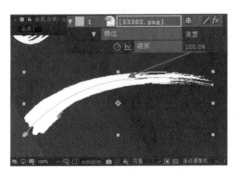

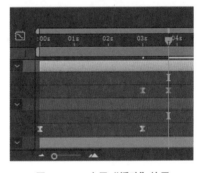

图 5-166　"合成"窗口显示效果　　　　　　图 5-167　应用"缓动"效果

12. 在"时间轴"面板中同时选中文字图层和素材图像图层，如图 5-168 所示。执行"图层 > 预合成"命令，弹出"预合成"对话框，设置如图 5-169 所示。

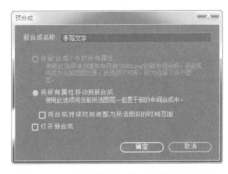

图 5-168　同时选中两个图层　　　　　　图 5-169　设置"预合成"对话框中的参数

13. 单击"确定"按钮，将选中的两个图层创建为一个名称为"手写文字"的预合成文件，开启该图层的 3D 功能，如图 5-170 所示。按快捷键 P，显示该图层的"位置"属性，按住 Alt 键不放，单击"位置"属性前的"时间变化秒表"图标，显示表达式输入框，输入表达式"wiggle（1，40）"，如图 5-171 所示。

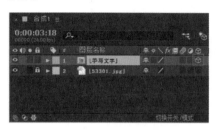

图 5-170　转换为 3D 图层

图 5-171　添加表达式

> **提示：** 此处为"位置"属性所添加的是一个抖动表达式，使文字产生抖动的效果。抖动表达式的语法格式为"wiggle（x，y）"，表示抖动频率为每秒 x 次，每次 y 像素。

14. 执行"文件 > 导入 > 文件"命令，导入视频素材"源文件 \ 第 5 章 \ 素材 \53303.mov"，如图 5-172 所示。将刚导入的视频素材从"项目"面板中拖入"时间轴"面板，在"合成"窗口中将该视频素材调整至合适的大小和位置，效果如图 5-173 所示。

图 5-172　导入视频素材

图 5-173　拖入视频素材并调整大小和位置

15. 完成手写文字动效的制作，单击"预览"面板上的"播放 / 停止"按钮▶，可以在"合成"窗口中预览动效。也可以根据前面介绍的渲染输出方法，将该动效渲染输出为视频文件，再使用 Photoshop 将其输出为 GIF 格式的动效图片，效果如图 5-174 所示。

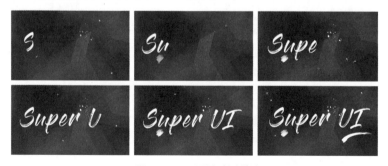

图 5-174　手写文字动效

5.4　Logo 动效

随着动效在 UI 中的应用越来越广泛，许多产品的 Logo 也开始使用动效的形式表现，让传统的静态 Logo 动起来，转化成一种全新的设计元素，能够以新颖的形式传递品牌形象，给用户留下深刻的印象。

5.4.1　Logo 动效概述

　　Logo 是品牌形象的核心，这一点是毋庸置疑的。一个公司或者团队的气质，很多时候是通过 Logo 呈现出来的。在品牌战略当中，Logo 始终是绕不开的关键。一个优秀的 Logo，能够和用户、受众产生联系，甚至能够蕴含品牌故事在里面。好的 Logo，能够帮助企业建立起足够有效的品牌形象，成为成功营销的基础。

　　传统的 Logo 都是静态的，而动效的出现使 Logo 拥有了更多的可能性。

　　当使用动效来表现 Logo 时，程度不同，所呈现出的样子自然也不尽相同，它可以是短而微妙的变化，也可以是一段完整的短视频。一个企业和一个创意团队会根据业务目标和他们想要为用户展示的内容，来选择在 Logo 上附加哪种动效，以及展示多长时间。

　　图 5-175 所示为一个 Logo 动效，一个小圆点通过动感模糊的方式分裂成 4 个不同颜色的小圆点，接着这 4 个不同颜色的小圆点通过移动、缩放和模糊处理最终融合到一起，表现出清晰的 Logo 图形，整体效果现代、动感，给人带来强烈的愉悦感。

　　如今的动效设计工具让动效设计过程更加便捷和开放，更重要的是，这些工具让设计过程更为清晰直观，即使是平面设计师都可以轻松设计动效。如果要让一个品牌 Logo 呈现出比较复杂的动效，那么还是需要掌握动效设计的专业知识和熟练地运用动效设计软件。

　　图 5-176 所示的 Logo 动效，以我国著名的神话形象作为主体图形，首先美猴王的眼睛出现并眨动，接着组成该美猴王形象的各部分图形结合闪电动效以旋转缩放的方式分别出现，在旋转缩放的过程中结合模糊效果的应用，表现出强烈的动感，使得该 Logo 栩栩如生，非常形象。

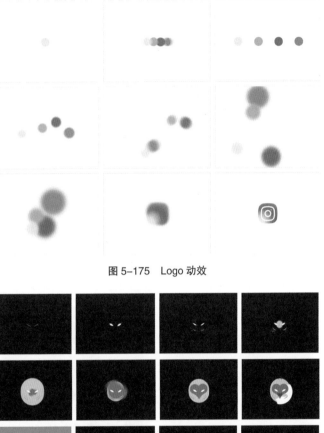

图 5-175　Logo 动效

图 5-176　Logo 动效

5.4.2　Logo 动效的优势

　　Logo 动效是一种更为现代、更为动态的品牌呈现形式，它和传统静态 Logo 一样可以勾勒企业和公司的形象，吸引用户和客户的注意力。相比之下，Logo 动效对于设计师的原创性要求更高，而这无疑是让品牌在当前竞争中脱颖而出的好办法。Logo 动效的优势还表现在以下几个方面。

1. 具有原创的形象

　　许多同行业的品牌在 Logo 上有很多相似之处，这种现象很常见，因为在设计品牌 Logo 的过程中总是需要在 Logo 中加入一些该行业所特有的元素，这些元素和行业的特质有着密切的关系，这就不可避免地导致同行业中不同品牌的 Logo 会出现相似的地方。

　　为了让 Logo 具有一定的独特性，设计师可以让它动起来。当 Logo 变为动态的时，设计师就可以充分运用自己的想象力，原创的视觉形象和动态效果相遇的时候，能让用户以一种全新的方式来感知它们。

　　图 5-177 所示是知名的"宜家"品牌的 Logo 动效，通过跳动的小球表现出品牌名称，接着通过小球的变形完整地呈现出该品牌 Logo，动态的效果流畅、自然。

2. 提高品牌识别度

许多品牌专家认为，动态图形比静态的图像更容易为用户所理解，也更容易被记住，Logo 动效能够更好地吸引潜在用户的注意力。一些 Logo 的动效会持续 10 秒左右，和短时间内看到的一个静态 Logo 相比，被用户记住的概率大了很多。

图 5-178 所示为知名的体育运动品牌 Nike 的一款 Logo 动效，在该 Logo 中，动效并不是其重点，重点是通过对图形与色彩的设计，使 Logo 富有很强的运动感和现代感，而在 Logo 中加入闪电围绕标志图形运动的动效起到了画龙点睛的作用，使得 Logo 更加动感。

3. 为用户留下深刻印象

产品留给用户的第一印象其实有着很深的影响。通常我们只需要几秒就会确定是否喜欢某个事物。Logo 是品牌的最重要的部分，而潜在用户对品牌产生的第一印象和 Logo 有着颇为密切的关系。原创的 Logo 通常能够让用户有更多的惊喜和更为深刻的印象，积极向上的第一印象更能吸引用户持续关注下去。

用户喜欢新鲜有趣和不同寻常的想法，所以这样的 Logo 更容易带来惊喜。一个有趣的动态 Logo 能够让人喜悦、兴奋，触发用户不同的情感。当一个 Logo 能够给用户带来积极的情绪的时候，就能够给用户留下深刻的印象，并且将它和令人快乐的东西联系起来。

图 5-179 所示是一个纯文字的 Logo，在该 Logo 中，"点""线"等基本图形在场景中的弹跳、拉伸等非常形象的动效甚至表现出一丝拟人化的形象，并且在运动的过程中通过"点""线"的变形，最终形成该纯文字 Logo，给人一种新鲜、有趣的印象，这样富有创意的动态 Logo 总是能够给人留下深刻的印象。

4. 呈现故事

和静态的 Logo 不同，动态 Logo 能够呈现的不仅仅是特效，还可以呈现出这个企业的业务特质，甚至一个简短的故事。它可以成为产品或者公司独有故事的载体，在这个基础上，也能够与用户更好地建立情感联系。

5. 体现企业的专业性

虽然用户大多数并非营销领域的专家，但是他们大多也都明白大趋势是什么。包括谷歌在内的许多著名企业都已经拥有了属于自己的动态 Logo，并且自豪地同全世界分享，这种创新是有目共睹的。所以，当你的品牌也跟上他们的步伐，在品牌设计上有所创新时，用户会认可你的专业性的。

图 5-177 "宜家"品牌 Logo 动效

图 5-178 Nike 品牌的一款 Logo 动效

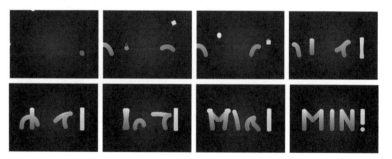

图 5-179 文字 Logo 动效

图 5-180 所示的 Logo 动效充分运用了中国传统水墨设计风格，一个墨点逐渐放大并变形为传统的太极图案，接着该墨迹在画面中流动游走，最终形成该企业 Logo 的主体图形，在主体图形的下方，两条游走的墨迹形成企业名称文字，整体效果充满了中国传统文化韵味，更好地体现了企业风格，给人留下了深刻印象。

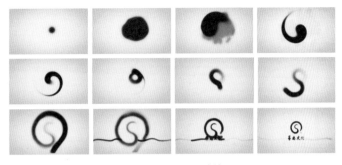

图 5-180　Logo 动效

5.4.3　设计 Logo 动效时需要注意的问题

Logo 动效常常被用来宣传，它有助于给用户留下更为深刻的印象，提升品牌知名度，改善品牌故事的呈现方式，创造更为有效的企业形象。我们在设计创作 Logo 动效的过程中要注意以下几个方面的问题。

（1）在设计 Logo 动效之前，注意分析企业的业务目标，并且有针对性地呈现出品牌的个性。

（2）通过用户调研，尽量使所设计的 Logo 动效更加贴合用户的喜好。

（3）Logo 动效要让用户感到惊讶或者兴奋，如果动态效果在上一秒就被用户预料到了，对用户而言就失去了惊喜。

（4）保持简约，尽量不要制作过于复杂的动效，并且将 Logo 动效的时长控制在 10 秒以内。

图 5-181 所示的企业 Logo 动效采用了遮罩与手写文字相结合的表现方式，使用光束效果与图形的遮罩，最终显示出完整的 Logo 图形，与此同时，Logo 图形下方的企业名称文字则采用了手写文字的表现形式，表现出很强的动感。

图 5-181　企业 Logo 动效

5.4.4　制作电商 Logo 动效

本案例制作一个电商 Logo 动效，该动效主要由 3 个部分组成，首先是通过遮罩的方式显示出 Logo 图形，接着 Logo 图形与 Logo 文字两部分通过位置和不透明度的变化入场，最后为 Logo 文字添加过光的效果，整个 Logo 动效流畅而自然。

扫码看视频

实战：制作电商 Logo 动效
源文件：源文件 \ 第 5 章 \5-4-4.aep　　视频：视频 \ 第 5 章 \5-4-4.mp4

01. 在 Photoshop 中完成该电商 Logo 的设计，效果如图 5-182 所示，将文件保存为"源文件 \ 第 5 章 \ 素材 \54401.psd"。在 After Effects 中新建一个空白的项目，执行"文件 > 导入 > 文件"命令，选择该文件，单击"导入"按钮，弹出设置对话框，设置如图 5-183 所示。

图 5-182　电商 Logo 及图层

图 5-183　设置对话框

02. 单击"确定"按钮，导入 PSD 文件，自动生成合成文件，如图 5-184 所示。在合成文件上单击鼠标右键，在弹出的菜单中选择"合成设置"选项，弹出"合成设置"对话框，设置"持续时间"为 5 秒，如图 5-185 所示，单击"确定"按钮。

图 5-184　导入 PSD 文件

图 5-185　修改"持续时间"选项

03. 双击"项目"面板中的合成文件，在"合成"窗口中打开该合成文件，在"时间轴"面板中可以看到相应的图层，如图 5-186 所示。选择最上方的"红色手掌"图层，执行"图层 > 预合成"命令，弹出"预合成"对话框，设置如图 5-187 所示。

图 5-186　打开合成文件

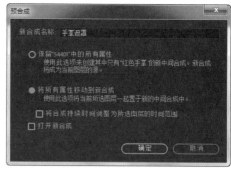

图 5-187　设置"预合成"对话框中的参数

04. 单击"确定"按钮，将所选择的图层创建为预合成文件，如图 5-188 所示。在"时间轴"面板中双击"手掌遮罩"合成文件，进入该合成文件的编辑状态，效果如图 5-189 所示。

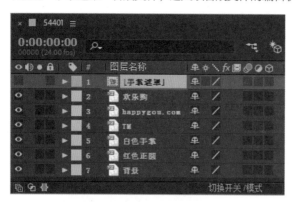

图 5-188　创建预合成文件

图 5-189　进入合成文件编辑状态

05. 执行"图层 > 新建 > 纯色"命令，弹出"纯色设置"对话框，设置如图 5-190 所示。单击"确定"按钮，新建纯色图层，将该图层移至"红色手掌"图层的下方，为了方便动画效果的制作，这里我们暂时将该图层的"不透明度"降低，便于观察，效果如图 5-191 所示。

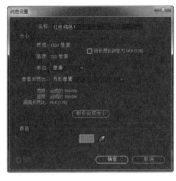

图 5-190 "纯色设置"对话框

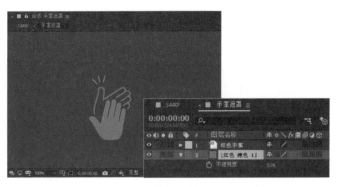

图 5-191 调整图层顺序和不透明度

06. 选择刚创建的纯色图层，选择"椭圆工具"，设置"填充"为任意颜色，"描边"为无，在"合成"窗口中合适的位置绘制椭圆形蒙版，如图 5-192 所示。双击刚绘制的椭圆形路径，将其调整至合适的大小并旋转至合适的角度，如图 5-193 所示。

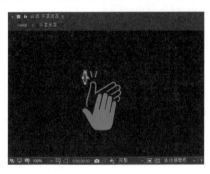

图 5-192 绘制椭圆形蒙版

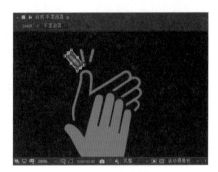

图 5-193 调整椭圆形蒙版路径

07. 展开该图层下的"蒙版 1"选项，将"时间指示器"移至 0 秒的位置，为"蒙版路径"属性插入关键帧，如图 5-194 所示。将"时间指示器"移至 0 秒 8 帧的位置，单击"蒙版路径"属性左侧的"添加或移除关键帧"按钮，在当前位置添加属性关键帧，如图 5-195 所示。

图 5-194 插入属性关键帧

图 5-195 添加属性关键帧

08. 将"时间指示器"移至 0 秒的位置，在"合成"窗口中对该关键帧的路径形状进行修改，效果如图 5-196 所示。选择纯色图层，选择"椭圆工具"，设置"填充"为任意颜色，"描边"为无，在"合成"窗口中合适的位置绘制椭圆形蒙版路径，并将其旋转至合适的角度，调整至合适的大小和位置，如图 5-197 所示。

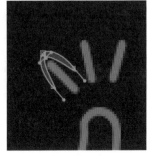

图 5-196 调整路径形状

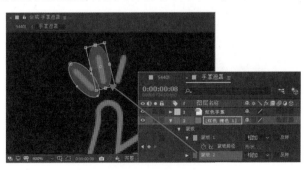

图 5-197 绘制并调整椭圆形蒙版路径

09. 将"时间指示器"移至 0 秒 8 帧的位置，展开该图层下的"蒙版 2"选项，为"蒙版路径"属性插入关键帧，如图 5-198 所示。将"时间指示器"移至 0 秒 16 帧的位置，单击"蒙版路径"属性左侧的"添加或移除关键帧"按钮，在当前位置添加属性关键帧，如图 5-199 所示。

图 5-198　插入属性关键帧

图 5-199　添加属性关键帧

10. 将"时间指示器"移至 0 秒 8 帧的位置，在"合成"窗口中对该关键帧的路径图形进行修改，效果如图 5-200 所示。使用相同的制作方法，再次为该纯色图层添加一个椭圆形蒙版，并完成该蒙版路径动画的制作，效果如图 5-201 所示。

图 5-200　调整路径形状

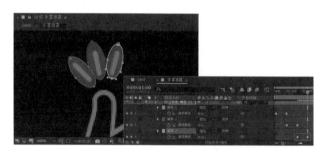

图 5-201　制作椭圆形蒙版路径动效

11. 选择纯色图层，选择"钢笔工具"，设置"填充"为任意颜色，"描边"为无，在"合成"窗口中合适的位置绘制蒙版路径，如图 5-202 所示。将"时间指示器"移至 1 秒的位置，展开该图层下的"蒙版 4"选项，为"蒙版路径"属性插入关键帧，如图 5-203 所示。

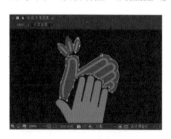

图 5-202　绘制蒙版路径

图 5-203　插入属性关键帧

12. 将"时间指示器"移至 1 秒 16 帧的位置，单击"蒙版路径"属性左侧的"添加或移除关键帧"按钮，在当前位置添加属性关键帧，如图 5-204 所示。将"时间指示器"移至 1 秒的位置，在"合成"窗口中对该关键帧的路径图形进行修改，效果如图 5-205 所示。

图 5-204　添加属性关键帧

图 5-205　调整路径形状

13. 使用相同的制作方法，再次为该纯色图层添加一个蒙版路径，效果如图 5-206 所示。并完成该蒙版路径动画的制作，"时间轴"面板如图 5-207 所示。

图 5-206 绘制蒙版路径

图 5-207 制作蒙版路径动效

14. 将纯色图层的"不透明度"属性修改为 100%，在"时间轴"面板中显示"转换控制"选项，设置该图层的"TrkMat"选项为"Alpha 遮罩'红色手掌'"，如图 5-208 所示。在"项目"面板中的"手掌遮罩"合成文件上单击鼠标右键，在弹出的菜单中选择"合成设置"选项，设置"持续时间"为 2 秒 8 帧，如图 5-209 所示，单击"确定"按钮。

图 5-208 设置"TrkMat"选项

图 5-209 修改"持续时间"选项

提示： "手掌遮罩"合成文件中的动效是该 Logo 动效的第一部分动效，当该部分动效播放完毕之后，该图形将会隐藏而出现其他元素的动效，所以这里我们将该合成文件的"持续时间"修改为该动效所占的时长。

15. 返回到"54401"合成的编辑状态中，选择"红色正圆"图层，将"时间指示器"移至 2 秒 8 帧的位置，为该图层插入"缩放"和"不透明度"属性关键帧，并设置"不透明度"为 0%，如图 5-210 所示。在"合成"窗口中可以看到该正圆形完全被隐藏，如图 5-211 所示。

图 5-210 插入属性关键帧并设置属性值

图 5-211 "合成"窗口中的效果

16. 将"时间指示器"移至 2 秒 14 帧的位置，设置"缩放"属性值为 120%，效果如图 5-212 所示。将"时间指示器"移至 2 秒 19 帧的位置，设置"缩放"属性值为 100%，"不透明度"属性值为 100%，效果如图 5-213 所示。

图 5-212 设置属性值效果

图 5-213 设置属性值效果

17. 使用与"红色正圆"图层相同的制作方法，完成"白色手掌"和"TM"图层中动效的制作，"时间轴"面板如图 5-214 所示。

图 5-214 "时间轴"面板

18. 同时选中"红色正圆""白色手掌"和"TM"这3个图层，执行"图层 > 预合成"命令，弹出"预合成"对话框，设置如图 5-215 所示。单击"确定"按钮，将选中的3个图层创建为预合成文件，如图 5-216 所示。

图 5-215 设置"预合成"对话框中的参数

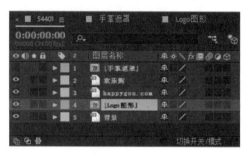

图 5-216 创建预合成文件

19. 同时选中"happygou.com"和"欢乐购"这2个文字图层，执行"图层 > 预合成"命令，弹出"预合成"对话框，设置如图 5-217 所示。单击"确定"按钮，将选中的2个文字图层创建为预合成文件，如图 5-218 所示。

图 5-217 设置"预合成"对话框中的参数

图 5-218 创建预合成文件

20. 双击"时间轴"面板中的"Logo 文字"合成文件，进入该合成文件的编辑状态。选择"欢乐购"文字图层，执行"效果 > 生成 >CC Light Sweep"命令，应用 CC Light Sweep 效果，在"效果控件"面板中对该效果的相关属性进行设置，如图 5-219 所示。在"合成"窗口中能够看到其效果，如图 5-220 所示。

图 5-219 设置效果相关属性

图 5-220 "合成"窗口中的效果

21. 在"合成"窗口中将 CC Light Sweep 效果的中心点向左移至合适的位置，如图 5-221 所示。将"时间指示器"移至 4 秒的位置，展开该图层下的"效果"选项中的"CC Light Sweep"选项，为"Center"属性插入关键帧，如图 5-222 所示。

图 5-221　移动效果中心点

图 5-222　插入属性关键帧

22. 将"时间指示器"移至 4 秒 12 帧的位置，在"合成"窗口中将 CC Light Sweep 效果的中心点向右移至合适的位置，如图 5-223 所示。同时选中"欢乐购"图层中的两个属性关键帧，按组合键 Ctrl+C 进行复制，将"时间指示器"移至 4 秒的位置，选择"happygou.com"文字图层，按组合键 Ctrl+V 进行粘贴，如图 5-224 所示。

图 5-223　移动效果中心点

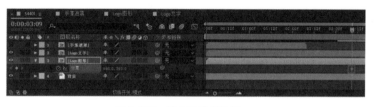

图 5-224　复制并粘贴属性关键帧

23. 返回"54401"合成文件的编辑状态中，选择"Logo 图形"图层，按快捷键 P，显示该图层的"位置"属性，将"时间指示器"移至 3 秒 9 帧的位置，为"位置"属性插入关键帧，如图 5-225 所示。将"时间指示器"移至 3 秒 1 帧的位置，在"合成"窗口中将该元素水平向右移至合适的位置，如图 5-226 所示。

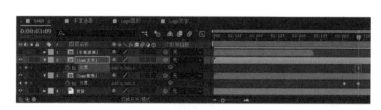

图 5-225　插入属性关键帧

图 5-226　移动元素

24. 选择"Logo 文字"图层，按快捷键 P，显示该图层的"位置"属性，将"时间指示器"移至 3 秒 9 帧的位置，为"位置"属性插入关键帧，如图 5-227 所示。将"时间指示器"移至 3 秒 1 帧的位置，在"合成"窗口中将该元素水平向左移至合适的位置，如图 5-228 所示。

图 5-227　插入属性关键帧

图 5-228　移动元素

25. 将"时间指示器"移至 3 秒 4 帧的位置，显示该图层的"不透明度"属性，设置其值为 0%，并为该属性插入关键帧，如图 5-229 所示。将"时间指示器"移至 3 秒 7 帧的位置，设置"不透明度"属性值为 100%，将该图层移至"Logo 图形"图层的下方，如图 5-230 所示。

图 5-229　插入属性关键帧

图 5-230　设置属性值并调整图层顺序

26. 完成该电商 Logo 动效的制作，单击"预览"面板上的"播放 / 停止"按钮▶，可以在"合成"窗口中预览动效。也可以根据前面介绍的渲染输出方法，将该动效渲染输出为视频文件，再使用 Photoshop 将其输出为 GIF 格式的动效图片，效果如图 5-231 所示。

图 5-231　电商 Logo 动效

5.5　工具栏动效

移动 App 中的工具栏是显示图形按钮的选项控制条，每个图形按钮被称为一个工具项，用于控制移动 App 中的一个功能，或在不同的移动 UI 之间跳转。通常情况下，出现在工具栏上的按钮所控制的都是一些比较常用的功能，可以方便用户的使用。

5.5.1　工具栏动效设计

工具栏一般用于控制移动 App 中频繁使用的功能，而专门在 UI 中开辟出一块地方来执行常用的操作。这样的设计直观突出，且经常使用这类操作的用户会觉得非常方便。工具栏需要根据 UI 整体的风格来进行设计，只有这样才能够使整个 UI 和谐统一。图 5-232 所示为精美的应用工具栏。

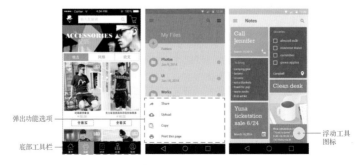

弹出功能选项

底部工具栏

浮动工具图标

图 5-232　UI 中的工具栏

目前在许多移动 UI 中都会为工具栏加入动效，特别是将一组工具图标的显示与隐藏用交互动效的形式呈现，可以给用户带来很好的交互体验。

图 5-233 所示为隐藏工具图标显示动效，一组工具图标默认隐藏在界面底部的"＋"按钮图标中，当用户在界面中点击该图标时，隐藏的工具图标会以交互动效的形式呈现在界面中，非常便于用户的操作，点击底部的"×"按钮图标，会以交互动效的形式将相应的图标收缩隐藏，动态的效果给用户带来了很好的体验。

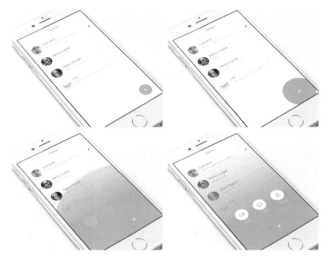

图 5-233　隐藏工具图标显示动效

5.5.2　制作工具栏图标旋转展开动效

本案例制作一个工具图标展开动效，默认情况下，相关的功能图标被隐藏在特定的图标下方，当用户在界面中点击该图标后，隐藏的工具图标将以动画的形式展开显示，展开过程中伴随着图标的旋转和运动模糊效果，使界面的交互动效更加突出。

> **实战：制作工具栏图标旋转展开动效**
> 源文件：源文件 \ 第 5 章 \5-5-2.aep　　　视频：视频 \ 第 5 章 \5-5-2.mp4

01. 打开 After Effects，执行"文件 > 导入 > 文件"命令，选择素材文件"源文件 \ 第 5 章 \ 素材 \55201. psd"文件，单击"导入"按钮，弹出设置对话框，设置如图 5-234 所示。单击"确定"按钮，导入 PSD 素材文件，并自动生成合成文件，如图 5-235 所示。

图 5-234　设置对话框

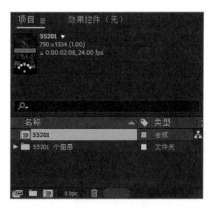

图 5-235　导入 PSD 素材

02. 在"项目"面板中的"55201"合成文件上单击鼠标右键，在弹出的菜单中选择"合成设置"选项，弹出"合成设置"窗口，设置"持续时间"为 3 秒，如图 5-236 所示。单击"确定"按钮，完成"合成设置"对话框中的参数的设置，双击"55201"合成文件，在"合成"窗口中打开该合成文件，效果如图 5-237 所示。

02. 在"项目"面板中的"55201"合成文件上单击鼠标右键，在弹出的菜单中选择"合成设置"选项，弹出"合成设置"窗口，设置"持续时间"为 3 秒，如图 5-236 所示。单击"确定"按钮，完成"合成设置"对话框中的参数的设置，双击"55201"合成文件，在"合成"窗口中打开该合成文件，效果如图 5-237 所示。

图 5-236　修改"持续时间"选项

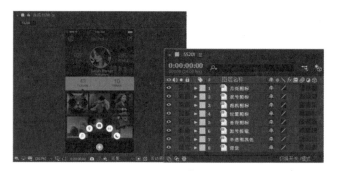

图 5-237　打开合成文件

03. 将"背景"图层锁定，选择"加号按钮"图层，将其他图层隐藏，按快捷键 R，显示该图层的"旋转"属性，将"时间指示器"移至 0 秒 5 帧的位置，为"旋转"属性插入关键帧，如图 5-238 所示。将"时间指示器"移至 0 秒 16 帧的位置，设置"旋转"属性值为 -45.0°，如图 5-239 所示。

图 5-238　插入属性关键帧

图 5-239　设置属性值效果

04. 将"时间指示器"移至 0 秒 5 帧的位置，选择"半透明黑色"图层，显示该图层，按快捷键 T，显示该图层的"不透明度"属性，插入该属性关键帧，并设置其值为 0%，如图 5-240 所示。将"时间指示器"移至 0 秒 16 帧的位置，设置"不透明度"属性值为 60%，如图 5-241 所示。

图 5-240　插入属性关键帧并设置属性值

图 5-241　设置属性值效果

05. 显示"音符图标"图层并选择该图层，将"时间指示器"移至 0 秒 16 帧的位置，分别为"位置"和"旋转"属性插入关键帧，按快捷键 U，只显示添加了关键帧的属性，效果如图 5-242 所示。将"时间指示器"移至 1 秒的位置，单击"位置"属性前的"添加或删除关键帧"按钮，在当前位置添加该属性关键帧，设置"旋转"属性为 1x，如图 5-243 所示。

图 5-242　"合成"窗口显示效果

图 5-243　设置"旋转"属性值

06. 将"时间指示器"移至 0 秒 16 帧的位置，在"合成"窗口中调整该图标的位置至与"加号按钮"图层中的图标的位置重叠，如图 5-244 所示。将"时间指示器"移至 0 秒 22 帧的位置，在"合成"窗口中将该图标向左上角拖动，如图 5-245 所示。

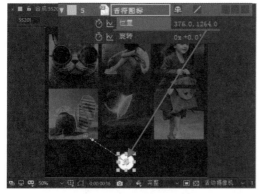

图 5-244　移动元素

图 5-245　移动元素

07. 选中该图层中的所有属性关键帧，按快捷键 F9，为其应用"缓动"效果，完成该图层中图标展开动效的制作，"时间轴"面板如图 5-246 所示。

图 5-246　为关键帧应用"缓动"效果

> **提示：** 0 秒 16 帧为该图标动画的起始位置，1 秒为该图标动画的终止位置，在 0 秒 22 帧的位置将该图标沿其运动的方向适当地移动，制作出一个该图标向外移动并回弹的动效。

08. 使用与"音符图标"图层相同的制作方法，完成其他几个图标动画的制作，"合成"窗口如图 5-247 所示，"时间轴"面板如图 5-248 所示。

图 5-247　"合成"窗口显示效果

图 5-248　"时间轴"面板效果

09. 在"时间轴"面板中将"加号按钮"图层移至所有图层上方，如图 5-249 所示。接着我们来制作各图标收回的动画效果，选择"音符图标"图层，按快捷键 U，只显示该图层添加了关键帧的属性，将"时间指示器"移至 2 秒的位置，分别为"位置"和"旋转"属性添加关键帧，如图 5-250 所示。

图 5-249　调整图层顺序

图 5-250　添加属性关键帧

10. 将"时间指示器"移至 2 秒 10 帧的位置，设置"旋转"属性为 0.0°，在"合成"窗口中拖动调整该图标的位置至与"加号按钮"图层中的图标的位置相重叠，如图 5-251 所示，"时间轴"面板如图 5-252 所示。

图 5-251　移动元素

图 5-252　"时间轴"面板

11. 使用相同的制作方法，完成其他 4 个图标收回动画效果的制作，"时间轴"面板如图 5-253 所示。

12. 选择"半透明黑色"图层，按快捷键 U，只显示该图层添加了关键帧的属性，将"时间指示器"移至 2 秒 10 帧的位置，为"不透明度"属性添加关键帧，如图 5-254 所示。将"时间指示器"移至 2 秒 18 帧的位置，设置"不透明度"属性值为 0%，如图 5-255 所示。

图 5-253　"时间轴"面板

图 5-254　添加属性关键帧

图 5-255　设置属性值效果

13. 选择"加号按钮"图层，按快捷键 U，只显示该图层添加了关键帧的属性，将"时间指示器"移至 2 秒 10 帧的位置，为"旋转"属性添加关键帧，如图 5-256 所示。将"时间指示器"移至 2 秒 18 帧的位置，设置"旋转"属性值为 0.0°，如图 5-257 所示。

图 5-256　添加属性关键帧

图 5-257　设置属性值效果

14. 在"时间轴"面板中为 5 个展开的图标所在的图层开启"运动模糊"功能，"时间轴"面板如图 5-258 所示。

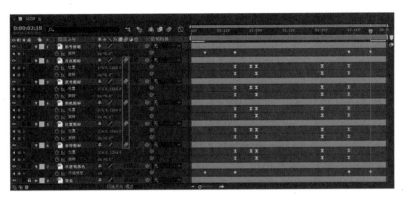

图 5-258　为相应图层开启"运动模糊"功能

提示: 当开启图层的"运动模糊"功能后，该图层中对象的移动动效会自动模拟出运动模糊的效果。

15. 完成工具栏图标旋转展开动效的制作，单击"预览"面板上的"播放 / 停止"按钮▶，可以在"合成"窗口中预览动效。也可以根据前面介绍的渲染输出方法，将该动效渲染输出为视频文件，再使用 Photoshop 将其输出为 GIF 格式的动效图片，效果如图 5-259 所示。

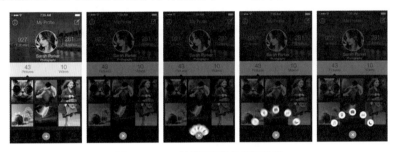

图 5-259　工具栏图标旋转展开动效

5.6　本章小结

UI 中所包含的元素众多，而大多数交互动效都应用于各种小的 UI 元素之中，给用户以很好的提示，也增强了界面的表现力。在本章中向读者介绍了 UI 中多种元素的动效表现形式，并且通过案例讲解了 UI 元素动效的制作方法和技巧，完成对本章内容的学习后，读者需要掌握 UI 元素动效制作的方法，并能够将其应用到 UI 设计中。

5.7　课后测试

完成对本章内容的学习后，接下来通过创新题，检测一下读者对 UI 元素动效相关内容的学习效果，同时加深读者对所学的知识的理解。

创新题
根据从本章所学习和了解到的知识，设计制作一个相机图标动效，具体要求和规范如下。
● 内容 / 题材 / 形式
相机图标动效。
● 设计要求
在 Photoshop 中设计相机图标并保存为分层文件，再导入 After Effects，通过各种基础属性动效的组合，制作出相机图标动效，动效需要流畅、自然。

第6章
界面转场与菜单动效

界面切换转场动效是移动 App 中常见的动效之一，虽然界面切换转场动效通常只有零点几秒的时间，却能够在一定程度上影响用户对于界面间逻辑的认知，合理的动效能让用户更清楚从哪里来、现在在哪、怎么回去等一系列问题。移动端界面中的侧滑导航菜单动效很常见，这种动效并不完全属于界面之间的转场切换，但是其使用场景非常相似。在本章中将详细向读者介绍界面切换转场动效和导航菜单动效的相关知识以及制作方法。

本章知识点

- 理解界面切换转场动效的规则
- 了解常见的界面切换转场动效
- 掌握各种转场动效的制作方法
- 了解交互导航菜单的优势
- 理解导航菜单的设计要点
- 掌握侧滑导航菜单动效的制作

6.1　界面切换转场动效的核心规则

界面切换转场动效在 UI 中所起到的作用无疑是显著的。相比于静态的界面，动态的界面切换更符合人们的自然认知体系，有效地降低了用户的认知负载，屏幕上元素的变化过程、前后界面的变化逻辑，以及层次结构之间的变化关系都在动效中变得更加清晰自然。从这个角度上来说，动效不仅是界面的重要支持元素，也是用户交互的基础。

6.1.1　转场动效自然流畅

在现实生活中，事物不会突然出现或者突然消失，通常它们都会有一个转变的过程。而在 UI 中，默认情况下界面状态的改变是直接而生硬的，这使得用户有时候很难立刻理解。当界面有两个甚至更多状态的时候，状态之间的变化可以使用过渡动效来表现，让用户明白它们是怎么来的，而非一个瞬间的过程。

　　图6-1所示为一个机票支付界面的交互操作动效，当用户点击界面下方的银行卡时，界面中的机票信息卡片会在竖直方向上发生三维旋转，从而使界面下方有充足的空间显示银行卡片，可以左右滑动界面下方所绑定的多张银行卡片来进行切换和选择，当选择好相应的支付银行卡后，点击界面中的支付按钮，界面中的元素会从界面中移出，而支付按钮背景会扩大至填充整个界面，从而平滑地过渡到支付信息界面中。整个界面中的动效非常自然、流畅，特别便于用户的操作和理解。

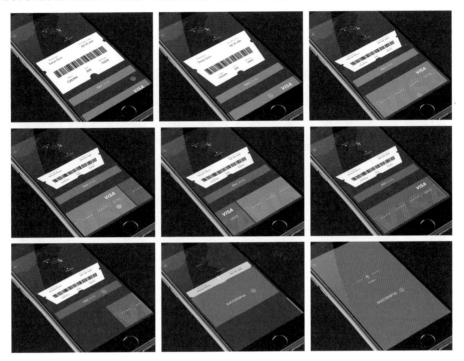

图6-1　机票支付界面的交互操作动效

6.1.2　动效层次分明

　　一个层次分明的界面切换动效通常能够清晰地展示界面状态的变化，抓住用户的注意力。这一点和人们的意识有关系，用户对焦点的关注和持续性都与此相关。良好的过渡动效有助于在正确的时间点将用户的注意力吸引到关键的内容上，而这取决于动效是否能够在正确的时间强调对的内容。

　　在图6-2所示的界面动效中，圆形的悬浮按钮通过动效变化扩展为3个功能操作按钮。用户在动效出现之前，并不清楚动效变化的结果，但是动效的运动趋势和变化趋势让用户对于后续的发展有了预期，其后产生的结果也不会距离预期太远。与此同时，红色的按钮在视觉上也拥有足够的吸引力，这个动效有助于引导用户进行下一步的交互操作。

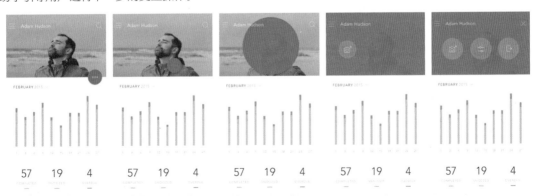

图6-2　界面动效

6.1.3　关联是过渡动效的重要功能

既然是同一个应用中不同功能界面的切换过渡，自然就牵涉到变化前后界面之间的关联。切换渡过动效连接着新出现的界面元素和之前的交互与触发元素，这种关联逻辑可以让用户清楚变化的过程，以及界面中所发生的变化。

图 6-3 所示为一个运动 App 的转场动效，在界面中点击地图左上角的图标，会通过圆形蒙版过渡到地图界面中，并在地图中标示出相应的地点。在地图中点击某个位置，界面将放大显示所点击的位置，并在界面的中间和底部分别以动效的形式显示出相应的信息内容。界面之间的切换过渡非常流畅、自然，各界面无论是配色还是界面中的操作位置都保持了一致，很好地体现了界面之间的关联性。

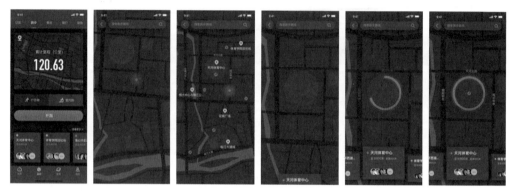

图 6-3　运动 App 的转场动效

6.1.4　界面切换过渡要快速

在设计界面切换动效的时候，设计师一定要把握好"时间"和"速度"这两个重要的因素。快速准确、绝不拖沓，这样的动效不会浪费用户的时间，让人觉得移动应用程序产生了延迟，不会令用户觉得烦躁。

当元素在不同状态之间切换的时候，运动过程在让人看得清、容易理解的情况下尽量快，这样才是最佳的状态。为了兼顾动效的效率、理解的便捷以及用户体验，动效应该在用户触发之后的 0.1 秒内开始，在 300 毫秒内结束，这样不会浪费用户的时间，还恰到好处。

图 6-4 所示为一个电商 App 商品界面的动效，在界面中用户可以左右滑动来选择不同的商品，点击某个商品图片时，该商品界面会在当前位置逐渐放大至占据界面的上半部分，从而平滑地过渡到该商品信息界面中，在该界面的上半部分中可以左右滑动来切换该商品的不同细节图片，在下半部分中可以上下滑动来查看该商品的详细介绍信息，各界面之间的关联性强烈，动效流畅自然。快速的动效可以使用户感觉应用程序的运行非常迅速、灵敏，从而提升用户的心理体验。

图 6-4　电商 App 商品界面动效

6.1.5　动效要清晰

清晰几乎是所有好设计的共同点，对于界面切换动效来说也是如此。移动 UI 中的动效应该是以功能优先、视觉传达为核心的视觉元素，太过复杂的动效除了有炫技之嫌，还会让人难于理解，甚至在操作过程中失去方向感，这对于用户体验来说绝对是一个退步，而非优化。请务必记住，屏幕上的每一个变化都会让用户注意到，它们都会成为影响用户体验和用户决策的因素，不必要的动效会让用户感到混乱。

动效应该避免一次呈现过多效果，尤其当动效包含复杂的变化时，会自然地呈现出混乱的状态，"少即是多"的原则对于动效同样是适用的。如果某个动效的简化能够让整个 UI 更加清晰直观，那么一定需要对该动效进行简化处理。当动效中同时包含形状、大小和位置变化的时候，请务必保持路径的清晰以及变化的直观。

图 6-5 所示为一个聊天应用界面中文字输入与语言输入功能相互切换的动效，当用户点击界面中的语音输入图标时，界面下方的文字输入键盘将会向下移动并逐渐淡出，接着语音输入图标从界面下方移入界面，并且在界面下方显示声音波形，当用户按下语音输入图标时，该图标将会反白显示并显示声音波形动画，界面中功能切换的动效并没有过多复杂的设计，只是使用了位置、不透明度等基础属性来表现动效，同样可以实现简洁、流畅的过渡动效。

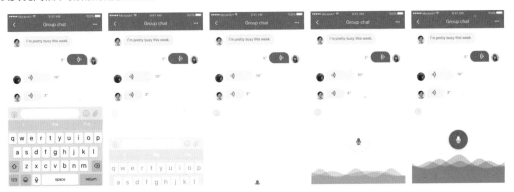

图 6-5　聊天界面中的功能切换动效

6.1.6　制作登录转场动效

很多 App 都会设置登录界面，通过登录界面来验证用户的身份。在本小节中将带领读者完成一个登录转场动效的制作，该动效属于演示动效，用于演示该 App 的用户登录以及登录成功后跳转到主界面的整体效果。

> **实战：** 制作登录转场动效
> 源文件：源文件 \ 第 6 章 \6-1-6.aep　　视频：视频 \ 第 6 章 \6-1-6.mp4

扫码看视频

01. 打开 After Effects，执行"文件 > 导入 > 文件"命令，选择素材"源文件 \ 第 6 章 \ 素材 \61601.psd"，单击"导入"按钮，弹出设置对话框，设置如图 6-6 所示。单击"确定"按钮，导入 PSD 素材，自动生成合成文件，如图 6-7 所示。

图 6-6　设置对话框

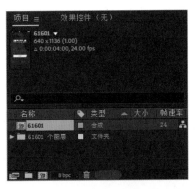

图 6-7　导入 PSD 素材文件

02. 在"项目"面板中的"61601"合成文件上单击鼠标右键，在弹出的菜单中选择"合成设置"选项，弹出"合成设置"窗口，设置"持续时间"为 8 秒，如图 6-8 所示。单击"确定"按钮，完成"合成设置"对话框中的参数的设置，双击"61601"合成文件，在"合成"窗口中可以看到该合成文件的效果，如图 6-9 所示。

图 6-8 修改"持续时间"选项

图 6-9 打开合成文件

03. 在"时间轴"面板中将不需要制作动画的图层锁定，选择"线条 1"图层，将"时间指示器"移至 0 秒 5 帧的位置，为该图层的"不透明度"属性插入关键帧，如图 6-10 所示。将"时间指示器"移至 0 秒 10 帧的位置，设置"不透明度"属性值为 100%，效果如图 6-11 所示。

图 6-10 插入属性关键帧

图 6-11 设置属性值效果

04. 将"时间指示器"移至 0 秒 5 帧的位置，选择"Email"图层，为"不透明度"属性插入关键帧，如图 6-12 所示。将"时间指示器"移至 0 秒 10 帧的位置，设置"不透明度"属性值为 0%，效果如图 6-13 所示。

图 6-12 插入属性关键帧

图 6-13 设置属性值效果

05. 选择"横排文字工具"，在"合成"窗口中单击并输入文字，并且将所输入的文字与表单元素中的文字完全对齐，如图 6-14 所示。将该文字图层调整至"E-mail"图层的上方，将"时间指示器"移至 0 秒 10 帧的位置，展开该图层下的"文本"选项，为"源文本"属性插入关键帧，如图 6-15 所示。

图 6-14 输入并对齐文字

图 6-15 插入属性关键帧

06. 将"时间指示器"移至0秒13帧的位置，添加"源文本"属性关键帧，在"合成"窗口中只保留第1个字母，如图6-16所示。将"时间指示器"移至0秒16帧的位置，添加"源文件"属性关键帧，在"合成"窗口中只保留前两个字母，如图6-17所示。

07. 使用相同的制作方法，每隔3帧添加一个"源文本"属性关键帧，并逐渐显示出字母，

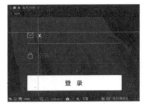
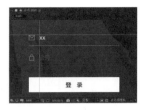

图6-16 修改文字内容　　图6-17 修改文字内容

"时间轴"面板如图6-18所示。选择0秒10帧位置的关键帧，在"合成"窗口中将该关键帧上的所有文字全部删除，将该图层重命名为"账号"，如图6-19所示。

图6-18 "时间轴"面板

图6-19 "合成"窗口显示效果

08. 将"时间指示器"移至2秒8帧的位置，选择"线条1"图层，为"不透明度"属性添加关键帧，如图6-20所示。将"时间指示器"移至2秒13帧的位置，设置"不透明度"属性值为20%，效果如图6-21所示。

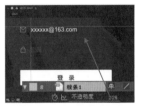

图6-20 添加属性关键帧

图6-21 设置属性值效果

09. 选择"线条2"图层，按快捷键T，显示该图层的"不透明度"属性，为该属性插入关键帧，如图6-22所示。将"时间指示器"移至2秒18帧的位置，设置"不透明度"属性值为100%，效果如图6-23所示。

图6-22 插入属性关键帧

图6-23 设置属性值效果

10. 选择"密码"图层，使用与"E-mail"图层相同的制作方法，制作出该图层"不透明度"属性变化的动画，"时间轴"面板如图6-24所示。

图6-24 "时间轴"面板

11. 选择"横排文字工具"，在"合成"窗口中单击并输入文字，并且将所输入的文字与密码框中的文字完全对齐，如图 6-25 所示。将该文字图层调整至"密码"图层的上方，将"时间指示器"移至 2 秒 18 帧的位置，展开该图层下的"文本"选项，为"源文本"属性插入关键帧，如图 6-26 所示。

图 6-25　输入并对齐文字　　　　　　　　　图 6-26　插入属性关键帧

12. 将该图层重命名为"密码内容"，使用与"账号"图层相同的制作方法，完成该图层中文字逐个显示动画的制作，"时间轴"面板如图 6-27 所示。

图 6-27　"时间轴"面板

13. 将"时间指示器"移至 3 秒 17 帧的位置，选择"线条 2"图层，为"不透明度"属性添加关键帧，如图 6-28 所示。将"时间指示器"移至 3 秒 22 帧的位置，设置"不透明度"属性值为 20%，效果如图 6-29 所示。

图 6-28　添加属性关键帧　　　　　　　　　图 6-29　设置属性值效果

14. 将"时间指示器"移至 4 秒的位置，选择"登录按钮背景"图层，按快捷键 T，显示该图层"不透明度"属性，为该属性插入关键帧，如图 6-30 所示。将"时间指示器"移至 4 秒 5 帧的位置，设置"不透明度"属性值为 80%，效果如图 6-31 所示。

图 6-30　插入属性关键帧　　　　　　　　　图 6-31　设置属性值效果

15. 将"时间指示器"移至 4 秒 10 帧的位置，设置"不透明度"属性值为 100%，效果如图 6-32 所示。将"时间指示器"移至 4 秒 5 帧的位置，选择"登　录"图层，为该图层的"不透明度"属性插入关键帧，如图 6-33 所示。

图 6-32 设置属性值效果

图 6-33 插入属性关键帧

16. 将"时间指示器"移至 4 秒 10 帧的位置，设置"不透明度"属性值为 0%，效果如图 6-34 所示。导入素材"源文件 \ 第 6 章 \ 素材 \61602.png"，将其拖入"合成"窗口，调整至合适的大小和位置，将该素材图层重命名为"圆"，如图 6-35 所示。

图 6-34 设置属性值效果

图 6-35 拖入并调整素材图像

17. 将"时间指示器"移至 4 秒 5 帧的位置，按快捷键 T，显示该图层的"不透明度"属性，为该属性插入关键帧并设置其值为 0%，如图 6-36 所示。将"时间指示器"移至 4 秒 10 帧的位置，设置"不透明度"属性值为 100%，如图 6-37 所示。

图 6-36 设置属性值效果

图 6-37 设置属性值效果

18. 选择"圆"图层，显示出该图层的"旋转"属性，在 4 秒 10 帧的位置为"旋转"属性插入关键帧，如图 6-38 所示。将"时间指示器"移至 5 秒的位置，设置"旋转"属性值为 4x，如图 6-39 所示。

图 6-38 插入属性关键帧

图 6-39 设置"旋转"属性值

19. 执行"文件 > 导入 > 文件"命令，选择素材"源文件 \ 第 6 章 \ 素材 \61603.psd"，单击"导入"按钮，弹出设置对话框，设置如图 6-40 所示。单击"确定"按钮，导入 PSD 素材，自动生成合成文件，将该合成文件重命名为"首界面"，如图 6-41 所示。

图 6-40　设置对话框

图 6-41　导入 PSD 素材文件

20. 将"首界面"合成文件拖入"时间轴"面板，并调整该图层的入点为 5 秒的位置，如图 6-42 所示。在"时间轴"面板中双击"首界面"图层，进入该合成文件的编辑状态，效果如图 6-43 所示。

图 6-42　调整图层入点位置

图 6-43　进入嵌套合成文件的编辑状态

21. 选择"背景"图层，将其他图层暂时隐藏，将"时间指示器"移至 5 秒的位置，为该图层插入"不透明度"和"缩放"属性关键帧，并设置"缩放"为 0，"不透明度"为 0%，如图 6-44 所示。将"时间指示器"移至 5 秒 5 帧的位置，设置"缩放"和"不透明度"属性值均为 100%，效果如图 6-45 所示。

图 6-44　插入属性关键帧并设置属性值

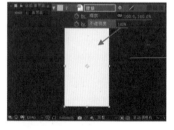

图 6-45　设置属性值效果

22. 选择并显示"工具栏"图层，按快捷键 P，显示该图层的"位置"属性，将"时间指示器"移至 5 秒 10 帧的位置，插入"位置"属性关键帧，如图 6-46 所示。将"时间指示器"移至 5 秒 5 帧的位置，在"合成"窗口中将该图层内容向上移至合适的位置，如图 6-47 所示。

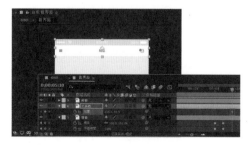

图 6-46　插入属性关键帧

图 6-47　移动元素

23. 选择并显示"衬衫"图层，将"时间指示器"移至 5 秒 10 帧的位置，按快捷键 S，显示该图层的"缩放"属性，插入"缩放"属性关键帧，并设置该属性值为 0%，如图 6-48 所示。将"时间指示器"移至 5 秒 20 帧的位置，设置"缩放"属性值为 100%，效果如图 6-49 所示。

图 6-48　插入属性关键帧并设置属性值　　　　　图 6-49　设置属性值效果

24. 选择并显示"裤装"图层，将"时间指示器"移至 5 秒 15 帧的位置，按快捷键 S，显示该图层的"缩放"属性，插入"缩放"属性关键帧，并设置该属性值为 0.0，0.0%，如图 6-50 所示。将"时间指示器"移至 6 秒 1 帧的位置，设置"缩放"属性值为 100.0，100.0%，效果如图 6-51 所示。

图 6-50　插入属性关键帧并设置属性值　　　　　图 6-51　设置属性值效果

25. 使用相同的制作方法，完成其他图层中动效的制作，"时间轴"面板如图 6-52 所示。同时选中所有图层中的属性关键帧，按快捷键 F9，为其应用"缓动"效果，如图 6-53 所示。

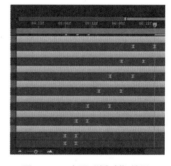

图 6-52　"时间轴"面板　　　　　图 6-53　应用"缓动"效果

26. 返回到"61601"合成文件的编辑状态中，完成该登录转场动效的制作，单击"预览"面板上的"播放/停止"按钮▶，可以在"合成"窗口中预览动效。也可以根据前面介绍的渲染输出方法，将该动效渲染输出为视频文件，再使用 Photoshop 将其输出为 GIF 格式的动效图片，效果如图 6-54 所示。

图 6-54　登录转场动效

6.2 常见的界面切换转场动效

用户初次接触产品时，恰当的动效可以使产品 UI 之间的逻辑关系与用户自身建立起来的认知模型相吻合，操作后的反馈符合用户的心理预期。本节将向读者介绍在移动 App 中常见的界面切换转场动效。

6.2.1 弹出

弹出式的动效多应用于信息内容界面，用户将绝大部分注意力集中在信息内容本身，当信息不足或者展现形式不符合自身要求时，临时调用工具添加内容、对该界面内容进行编辑等操作，在临时界面中停留时间短暂，只想快速操作后重新回到信息内容本身上面。弹出式的动效如图 6-55 所示。

用户在该信息内容界面中进行操作时，如果需要临时调用相应的工具或内容，则点击该界面右上角的加号按钮，相应的界面会以从底部弹出的方式出现。

图 6-55　弹出式的界面切换动效

图 6-56 所示为一个家居产品列表界面，在该界面中使用不同的背景颜色来区分不同产品，效果清晰、明确，当用户在界面中点击某张产品图片时，该产品图片会在当前位置以弹出的方式逐渐放大，而其他产品图片则会逐渐淡出，从而自然地过渡到该产品的详细介绍界面中，整个界面的切换过渡流畅而自然。

图 6-56　家居产品 App 中的界面切换转场动效

6.2.2 侧滑

当界面之间存在父子关系或从属关系时，通常会在这两个界面之间使用侧滑转场动效。通常看到侧滑的界面切换效果后，用户就会了解不同层级间的关系。侧滑式的界面切换动效如图 6-57 所示。

每条信息的详情界面都属于信息列表界面的子界面，所以它们之间的转场切换通常都会采用侧滑的方式。

图 6-57　侧滑式的界面切换动效

图 6-58 所示的 App 界面将不同的功能图标与说明文字相结合来表现不同的内容类别，当用户在界面中点击某个类别的功能图标时，界面将通过侧滑的方式切换到所点击的类别的信息内容列表界面中，并且该列表界面中的内容采用了顺序入场的方式，给人很强的动感，界面的切换转场效果流畅、自然。

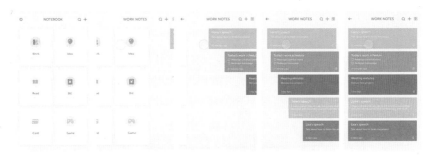

图 6-58　App 中的侧滑动效

6.2.3　渐变放大

　　排列了很多同等级信息的界面就如同贴满了信息、照片的墙面，用户有时需要近距离看看上面都是什么内容，在快速浏览和具体查看之间轻松切换。渐变放大的界面切换动效与左右滑动切换动效最大的区别是，前者大多用在张贴信息的界面中，后者主要用于罗列信息的列表界面中。在张贴信息的界面中通过左右滑动进入详情界面总会给人一种不符合心理预期的感觉，违背了人们在物理世界中形成的认知习惯。渐变放大的界面切换动效如图 6-59 所示。

图 6-59　逐渐放大界面切换动效

　　在图 6-60 所示的 App 界面中，当用户在登录界面中输入账号和密码并点击登录按钮之后，该界面中的选项将向上移动并逐渐消失，自动过渡到等待界面中，在等待界面中会显示一个眼睛，并且眼球中的圆形会来回不停地转动，体现出很强的科技感，接着眼睛部分的深蓝色圆形会逐渐放大至覆盖整个界面，从而顺利地过渡到欢迎界面中，整个界面的切换过渡非常自然，符合人们的心理预期。

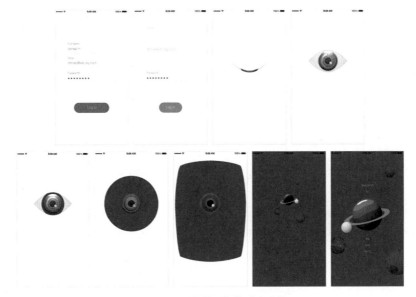

图 6-60　登录界面切换过渡动效

6.2.4　其他

除了以上介绍的几种常见的界面切换动效之外，还有许多其他形式的界面切换动效，它们大多数都高度模仿现实世界中的效果，例如常见的电子书翻页动效就是模仿现实世界中的翻书效果。

图 6-61 所示为一个音乐类 App 的界面动效，所有音乐专辑的封面图片的切换动效模拟了现实生活中图片卡的翻转效果，通过图片在三维空间中的翻转来实现图片的切换，与现实生活中的效果相统一，更容易使用户理解。

图 6-61　音乐 App 界面动效

6.2.5　制作图片翻页切换动效

界面中图片的滑动切换和翻页切换效果都是比较常见的动效，特别是图片的翻页切换动效能够完全模拟表现出现实生活中的翻页效果，从而能够有效增强界面的交互体验。本案例将带领读者完成一个图片翻页切换动效的制作，其重点在于为元素添加 CC Page Turn 效果，通过对该效果中相关属性的设置能够很好地表现出元素的翻页效果。

> **实战：**制作图片翻页切换动效
> 源文件：源文件 \ 第 6 章 \6-2-5.aep　　视频：视频 \ 第 6 章 \6-2-5.mp4

01.　在 Photoshop 中打开设计好的 PSD 素材文件"源文件 \ 第 6 章 \ 素材 \62501.psd"，打开"图层"面板，可以看到该 PSD 文件中的相关图层，如图 6-62 所示。打开 After Effects，执行"文件 > 导入 > 文件"命令，选择该 PSD 素材文件，单击"导入"按钮，弹出设置对话框，设置如图 6-63 所示。

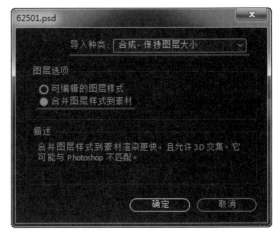

图 6-62　PSD 素材效果和图层　　　　　　　　　　　图 6-63　设置对话框

02.　单击"确定"按钮，导入 PSD 素材，自动生成合成文件，如图 6-64 所示。在"项目"面板中的"62501"合成文件上单击鼠标右键，在弹出的菜单中选择"合成设置"选项，弹出"合成设置"窗口，设置"持续时间"为 5 秒，如图 6-65 所示，单击"确定"按钮。

图 6-64　导入 PSD 素材文件

图 6-65　修改"持续时间"选项

03. 在"项目"面板中双击"62501"合成文件，在"合成"窗口中打开该合成文件，效果如图 6-66 所示。在"时间轴"面板中可以看到该合成文件中相应的图层，将不需要制作动画的图层锁定，如图 6-67 所示。

图 6-66　打开合成文件

图 6-67　锁定相应的图层

04. 不要选择任何对象，选择"椭圆工具"，设置"填充"为白色，"描边"为白色，"描边宽度"为 20 像素，在"合成"窗口中按住 Shift 键绘制一个正圆形，如图 6-68 所示。将该图层重命名为"光标"，展开该图层下的"椭圆 1"选项，设置描边的"不透明度"为 20%，填充的"不透明度"为 50%，效果如图 6-69 所示。

图 6-68　绘制正圆形

图 6-69　正圆形效果

05. 选中刚绘制的正圆形，使用"向后平移（锚点）工具"，调整其中心点至圆心的位置，并将其调整至合适的大小和位置，如图 6-70 所示。选择"光标"图层，按快捷键 S，显示该图层的"缩放"属性，为该属性插入关键帧，并设置其属性值为 50%，如图 6-71 所示。

图 6-70　调整正圆形锚点位置、正圆形大小和位置

图 6-71　插入属性关键帧并设置属性值

06. 将"时间指示器"移至 0 秒 14 帧的位置，设置"缩放"属性值为 100%，效果如图 6-72 所示。将"时间指示器"移至起始位置，按快捷键 P，显示"位置"属性，插入该属性关键帧，如图 6-73 所示。

图 6-72　设置属性值效果

图 6-73　插入属性关键帧

07. 将"时间指示器"移至 0 秒 14 帧的位置，在"合成"窗口中将正圆形向左下方移动，如图 6-74 所示。将"时间指示器"移至起始位置，按快捷键 T，显示"不透明度"属性，插入该属性关键帧，设置"不透明度"属性值为 0%，按快捷键 U，在该图层下方只显示插入了关键帧的属性，如图 6-75 所示。

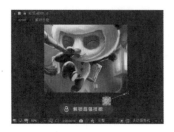

图 6-74　移动元素

图 6-75　只显示插入了关键帧的属性

08. 将"时间指示器"移至 0 秒 3 帧的位置，设置"不透明度"属性值为 100%，如图 6-76 所示。将"时间指示器"移至 0 秒 14 帧的位置，设置"不透明度"属性值为 40%，如图 6-77 所示。

09. 在"时间轴"面板中拖动光标同时选中该图层中"位置"和"缩放"属性的所有关键帧，如图 6-78 所示。按快捷键 F9，为所选中的关键帧应用"缓动"效果，如图 6-79 所示。

图 6-76　设置属性值效果

图 6-77　设置属性值效果

图 6-78　同时选中多个关键帧

图 6-79　应用"缓动"效果

10. 选择"图片 3"图层，执行"效果 > 扭曲 >CC Page Turn"命令，为该图层应用 CC Page Turn 效果，如图 6-80 所示。将"时间指示器"移至起始位置，拖动图片翻页的控制点至起始位置，如图 6-81 所示。

11. 在"效果控件"面板中单击"Fold Position"属性前的"时间变化秒表"按钮，为该属性插入关键帧，

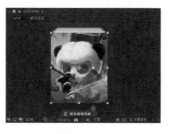

图 6-80　应用 CC Page Turn 效果

图 6-81　调整翻页控制点位置

如图 6-82 所示。选择"图片 3"图层，按快捷键 U，在其下方只显示"Fold Position"属性，如图 6-83所示。

图 6-82 插入属性关键帧

图 6-83 只显示添加了关键帧的属性

12. 将"时间指示器"移至 0 秒 14 帧的位置，在"合成"窗口中拖动图片翻页的控制点至合适的位置，如图 6-84 所示。同时选中该图层的两个属性关键帧，按快捷键 F9，为所选中的关键帧应用"缓动"效果，如图 6-85 所示。

图 6-84 调整翻页控制点位置

图 6-85 应用"缓动"效果

13. 将"时间指示器"移至 0 秒 20 帧的位置，为"光标"图层和"图片 3"图层中的所有显示的属性添加关键帧，如图 6-86 所示。将"时间指示器"移至 1 秒 10 帧的位置，在"时间轴"面板中同时选中多个属性关键帧，按组合键 Ctrl+C，复制关键帧，如图 6-87 所示。

图 6-86 添加属性关键帧

图 6-87 选择并复制多个属性关键帧

14. 按组合键 Ctrl+V，粘贴关键帧，也可以分别对每个图层中的关键帧进行复制粘贴操作，如图 6-88 所示。同时选中"光标"图层的"不透明度"属性的最后两个关键帧，将其向左拖动，如图 6-89所示。

图 6-88 粘贴多个属性关键帧

图 6-89 拖动调整关键帧位置

> **提示：** 此处复制"光标"图层和"图片 3"图层初始位置的属性关键帧，将其粘贴到当前位置，并调整了"光标"图层的"不透明度"属性关键帧位置，从而快速制作出该翻页动画的返回效果。

15. 使用前面的光标移动的动效的制作方法，在 1 秒 15 帧位置至 2 秒 5 帧位置之间制作出相似的光标向左移动的动画效果，"时间轴"面板如图 6-90 所示，"合成"窗口效果如图 6-91 所示。

图 6-90　"时间轴"面板

图 6-91　"合成"窗口效果

16. 将"时间指示器"移至 1 秒 18 帧的位置，单击"图片 3"图层的"Fold Position"属性前的"添加或移除关键帧"按钮，添加该属性关键帧，如图 6-92 所示。

图 6-92　添加属性关键帧

17. 将"时间指示器"移至 2 秒 5 帧的位置，在"合成"窗口中拖动图片翻页的控制点，将其移动到画面之外，如图 6-93 所示。将"时间指示器"移至 1 秒 18 帧的位置，选择"图片 2"图层，分别为该图层的"缩放"和"不透明度"属性插入关键帧，如图 6-94 所示。

图 6-93　拖动翻页控制点

图 6-94　插入属性关键帧

18. 设置"缩放"属性值为 90.0，90.0%，"不透明度"属性值为 0%，如图 6-95 所示。将"时间指示器"移至 2 秒 5 帧的位置，设置"缩放"属性值为 100%，"不透明度"属性值为 100%，效果如图 6-96 所示。

图 6-95　设置属性值

图 6-96　设置属性值效果

19. 拖动鼠标同时选中该图层中"缩放"属性的两个关键帧，按快捷键 F9，为所选中的关键帧应用"缓动"效果，如图 6-97 所示。

图 6-97　应用"缓动"效果

20. 接下来我们需要制作第 2 张图片的翻页动画，制作方法与第 1 张图片的翻页动画的相同。同时选中"光标"图层中光标移动的相关关键帧，按组合键 Ctrl+C，复制关键帧，如图 6-98 所示，将"时间指示器"移至 2 秒 15 帧的位置，按组合键 Ctrl+V，粘贴关键帧，如图 6-99 所示，快速制作出第 2 张图片翻页的光标动画效果。

图 6-98 选中并复制多个属性关键帧

图 6-99 粘贴多个属性关键帧

21. 选中"图片 3"图层中翻页动画的两个属性关键帧，按组合键 Ctrl+C，复制关键帧，如图 6-100 所示，选择"图片 2"图层，将"时间指示器"移至 2 秒 18 帧的位置，按组合键 Ctrl+V，粘贴关键帧，如图 6-101 所示，快速制作出第 2 张图片翻页动画效果。

图 6-100 复制两个属性关键帧

图 6-101 粘贴属性关键帧

22. 同时选中"图片 2"图层中的"缩放"和"不透明度"属性关键帧，按组合键 Ctrl+C，复制关键帧，如图 6-102 所示，选择"图片 1"图层，确认"时间指示器"位于 2 秒 18 帧的位置，按组合键 Ctrl+V，粘贴关键帧，如图 6-103 所示，快速制作出第 1 张图片缩放动画效果。

图 6-102 复制多个属性关键帧

图 6-103 粘贴多个属性关键帧

23. 使用相同的复制关键帧的做法，制作出"图片 1"图层中图片的翻页的动画效果，"时间轴"面板如图 6-104 所示。

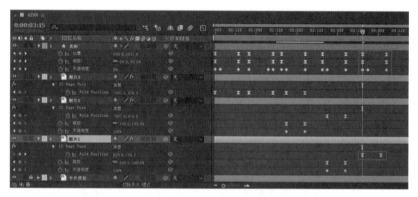

图 6-104 "时间轴"面板

24. 将"62501 个图层"文件夹中的"图片 3/62501.psd"素材从"项目"面板中拖入"时间轴"面板，调整至"卡片背景"图层上方，如图 6-105 所示。在"合成"窗口中将其调整至合适的位置，如图 6-106 所示。

图 6-105 拖入素材图像并调整图层顺序

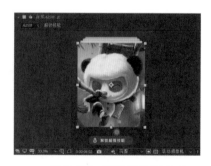

图 6-106 调整素材图像位置

25. 同时选中"图片 1"图层中的"缩放"和"不透明度"属性关键帧，按组合键 Ctrl+C，复制关键帧，如图 6-107 所示，选择"图片 3/62501.psd"图层，将"时间指示器"移至 3 秒 18 帧的位置，按组合键 Ctrl+V，粘贴关键帧，如图 6-108 所示，快速制作出该图片缩放动画效果。

图 6-107　复制多个属性关键帧

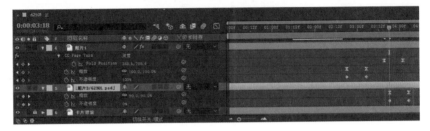

图 6-108　粘贴属性关键帧

> **提示：** 此处只制作了 3 张图片的翻页动效，在动效的最后我们再次制作"图片 3"从隐藏到显示的动效，是为了与动效开头的"图片 3"翻页动效相衔接，这样在动效循环播放的时候就能够形成一个整体。

26. 完成该图片翻页切换动效的制作，单击"预览"面板上的"播放 / 停止"按钮▶，可以在"合成"窗口中预览动效。也可以根据前面介绍的渲染输出方法，将该动效渲染输出为视频文件，再使用 Photoshop 将其输出为 GIF 格式的动效图片，效果如图 6-109 所示。

图 6-109　图片翻页切换动效

6.3　导航菜单切换动效

移动 UI 中的导航菜单表现形式多种多样，除了目前广泛使用的交互式侧边导航菜单外，还有其他的一些表现形式，合理的导航菜单动效，不仅可以提高用户体验，还可以增强移动 UI 的设计感。

6.3.1　交互式动态导航菜单的优势

移动端导航菜单与传统 PC 端的导航菜单形式有着一定的区别，主要表现为移动端为了节省屏幕的显示空间，通常采用交互式导航菜单。默认情况下，在移动 UI 中隐藏导航菜单，在有限的屏幕空间中充分展示界面内容，在需要使用导航菜单时，再通过点击相应的图标来动态滑入导航菜单，常见的有侧边滑入导航菜单、顶部滑入导航菜单等形式。

图 6-110 所示为左侧滑入导航菜单，当用户需要进行相应操作时，可以点击相应的按钮，滑入导航菜单，不需要时可以将其隐藏，节省界面空间。

图 6-111 所示为顶端滑入导航菜单，并且导航菜单使用鲜艳的色块以与界面中其他元素相区别，不需要使用时，可以将导航菜单隐藏。

图 6-110　左侧滑入导航菜单　　　　　　　　　图 6-111　顶端滑入导航菜单

> **提示：** 侧边滑入式导航菜单又被称为抽屉式导航菜单，在移动 UI 中常常与顶部或底部标签导航菜单结合使用。侧边滑入式导航菜单将部分信息内容隐藏，突出了界面中的核心内容。

交互式动态导航菜单能够给用户带来新鲜感和愉悦感，并且能够有效地增强用户的交互体验，但是不能忽略其本身最主要的性质，即实用性。在设计交互式导航菜单时，我们需要尽可能根据用户熟悉和了解的操作方法来设计导航菜单动效，从而使用户能够快速适应界面的操作。

6.3.2　导航菜单动效的设计要点

在设计移动 UI 导航菜单动效时，最好能够按照移动操作系统所设定的规范进行，这样不仅能使所设计的移动 UI 导航菜单更美观丰富，而且能与操作系统协调一致，使用户能够根据平时对系统的操作经验，触类旁通地知晓该移动 App 的各功能和简捷的操作方法，增强移动 UI 的灵活性和可操作性。

在影视类 App UI 设计中，常常通过大幅的电影海报和少量的文字来突出其视觉表现效果，通常会将相应的功能操作选项放置在侧边隐藏的导航菜单中，在需要使用的时候，才通过点击界面中相应的按钮，从侧边弹出导航菜单选项，如图 6-112 所示。

图 6-112　影视 App 中的侧边弹出菜单动效

1．不可操作的菜单项一般需要变灰

导航菜单中有一些菜单项是以灰色的形式出现的，并使用虚线字符来显示，表示这些命令当前不可用，也就是说，执行这些命令的条件当前还不具备。

2．对当前使用的菜单命令进行标记

对于当前正在使用的菜单命令，可以通过改变背景色或在菜单命令旁边添加钩号区别显示，使菜单命令更易于识别。

3．使用分隔条对相关的命令进行分组

为了使用户迅速地在菜单中找到需要执行的命令项，非常有必要用分隔条对菜单中相关的命令进行分组，这样可以使菜单界面更清晰、易于操作。

4. 应用动态菜单和弹出式菜单

动态菜单即在移动 UI 中会伸缩的菜单，弹出式菜单则可以有效地节约界面空间，通过动态菜单和弹出式菜单的应用，可以更好地提高应用界面的灵活性和可操作性。

图 6-113 所示为一个移动 App 的侧边滑入导航菜单动效，当用户点击界面左上角的导航菜单图标时，隐藏的导航菜单会以交互动效的形式从左侧滑入界面，并且在导航菜单滑入界面的同时，该界面整体将会等比例缩小一些，从而使界面内容形成层次感，有效突出导航菜单的效果。动态的表现方式使得 UI 的交互性更加突出，有效提高了用户的交互体验。

图 6-113 侧边滑入式导航菜单动效

6.3.3 制作侧滑导航菜单动效

侧滑导航菜单是移动 App 最常见的导航菜单表现形式，这种形式能够有效节省界面的空间，当需要使用导航菜单时，可以点击界面中相应的图标，从而使隐藏的导航菜单从侧面滑入，不需要使用时可以将其隐藏，从而使界面具有一定的交互动效。在本小节中将带领读者完成一个侧滑导航菜单动效的制作，重点是通过"蒙版路径""位置"和"不透明度"等基础属性来实现该动效。

> **实战：** 制作侧滑导航菜单动效
> 源文件：源文件 \ 第 6 章 \6-3-3.aep　　视频：视频 \ 第 6 章 \6-3-3.mp4

扫码看视频

167

01. 打开 After Effects，执行"文件 > 导入 > 文件"命令，选择素材"源文件 \ 第 6 章 \ 素材 \63301.psd"，单击"导入"按钮，弹出设置对话框，设置如图 6-114 所示。单击"确定"按钮，导入 PSD 素材，自动生成合成文件，如图 6-115 所示。

 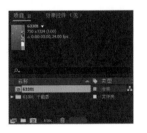

图 6-114 设置对话框　　　　　**图 6-115 导入 PSD 素材文件**

02. 在"项目"面板中的"63301"合成文件上单击鼠标右键，在弹出的菜单中选择"合成设置"选项，弹出"合成设置"窗口，设置"持续时间"为 4 秒，如图 6-116 所示。单击"确定"按钮，完成"合成设置"对话框中的参数的设置，双击"63301"合成文件，在"合成"窗口中可以看到该合成文件的效果，如图 6-117 所示。

图 6-116 修改"持续时间"选项　　　　**图 6-117 打开合成文件**

03. 首先制作"菜单背景"图层中的动画效果。在"时间轴"面板中将"背景"图层锁定，将"菜单选项"图层隐藏，如图6-118所示。选择"菜单背景"图层，使用"矩形工具"，在"合成"窗口中绘制一个与菜单背景大小相同的矩形蒙版，如图6-119所示。

图 6-118　锁定和隐藏其他图层

图 6-119　绘制矩形蒙版

04. 将"时间指示器"移至1秒16帧的位置，为该图层下的"蒙版1"选项中的"蒙版路径"选项插入关键帧，如图6-120所示。按快捷键U，在"菜单背景"图层下方只显示添加了关键帧的属性，如图6-121所示。

图 6-120　插入属性关键帧

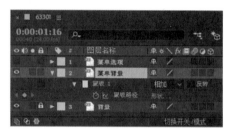

图 6-121　只显示添加了关键帧的属性

05. 选择"添加'顶点'工具"，在蒙版形状右侧边缘的中间位置单击添加锚点，并选择"转换'顶点'工具"，单击所添加的锚点，在竖直方向上拖动光标，显示该锚点方向线，如图6-122所示。将"时间指示器"移至起始位置，选择"蒙版1"选项，在"合成"窗口中使用"选取工具"调整该蒙版图形到合适的大小和位置，如图6-123所示。

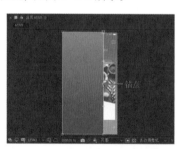

图 6-122　添加锚点并显示锚点方向线

图 6-123　调整蒙版图形的大小和位置

06. 将"时间指示器"移至1秒的位置，在"合成"窗口中使用"选取工具"调整该蒙版图形到合适的大小和位置，如图6-124所示。同时选中该图层中3个关键帧，按快捷键F9，为所选中的关键帧应用"缓动"效果，如图6-125所示。

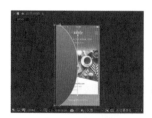

图 6-124　调整蒙版图形的大小和位置

图 6-125　应用"缓动"效果

07. 单击"时间轴"面板上的"图表编辑器"按钮▨，进入图表编辑器状态，如图6-126所示。单击右侧运动速度曲线锚点，拖动方向线调整运动速度曲线，如图6-127所示。

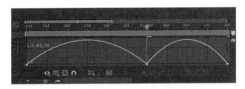

图 6-126　进入图表编辑器状态

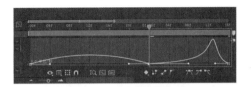

图 6-127　调整速度曲线

08. 再次单击"图表编辑器"按钮■，返回到默认状态。选择并显示"菜单选项"图层，将"时间指示器"移至 1 秒 18 帧的位置，为该图层的"位置"和"不透明度"属性插入关键帧，如图 6-128 所示，"合成"窗口中的效果如图 6-129 所示。

图 6-128　插入属性关键帧

图 6-129　"合成"窗口效果

09. 将"时间指示器"移至 1 秒的位置，在"合成"窗口中将该图层内容向左移至合适的位置，并设置其"不透明度"属性为 0%，如图 6-130 所示。同时选中该图层中的两个"位置"属性关键帧，按快捷键 F9，为所选中的关键帧应用"缓动"效果，如图 6-131 所示。

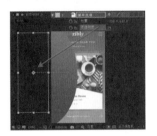

图 6-130　移动元素并设置属性值

图 6-131　应用"缓动"效果

> **提示：** 在这里我们是将导航菜单选项作为一个整体，制作其同时进入界面的动效，当然我们也可以将各导航菜单选项分开，制作各导航菜单项顺序进入界面的动效，这样可以使侧滑导航菜单的动效更加丰富。

10. 执行"图层 > 新建 > 纯色"命令，新建一个黑色的纯色图层，将该图层移至"背景"图层上方，如图 6-132 所示。将"时间指示器"移至 1 秒的位置，为该图层插入"不透明度"属性关键帧，并设置该属性值为 0%，如图 6-133 所示。

图 6-132　新建纯色图层并调整图层顺序

图 6-133　插入属性关键帧并设置属性值

11. 将"时间指示器"移至 1 秒 16 帧的位置，设置该图层"不透明度"属性值为 50%，如图 6-134 所示。完成该侧滑导航菜单动画的制作，展开各图层所设置的关键帧，"时间轴"面板如图 6-135 所示。

图 6-134　设置属性值效果　　　　　　　　　　图 6-135　"时间轴"面板

12. 单击"预览"面板上的"播放/停止"按钮 ，可以在"合成"窗口中预览动效。也可以根据前面介绍的渲染输出方法，将该动效渲染输出为视频文件，再使用 Photoshop 将其输出为 GIF 格式的动效图片，效果如图 6-136 所示。

图 6-136　侧滑导航菜单动效

6.4　本章小结

切换过渡动效始终是围绕着用户交互和 UI 元素而存在的，无论在界面中需要呈现的是什么样的动效，都需要服务于所要表现的功能，然后才是渲染界面的氛围和感染用户情绪。在本章中详细向读者介绍了界面切换转场动效和导航菜单动效的设计方法，并通过实例使读者掌握转场动效和导航菜单动效的制作方法，从而将理论与实践相结合。

6.5　课后测试

完成对本章内容的学习后，接下来通过创新题，检测一下读者对界面切换转场动效和导航菜单动效相关内容的学习效果，同时加深读者对所学的知识的理解。

创新题

根据从本章所学习和了解到的知识，设计制作一个侧滑导航菜单动效，具体要求和规范如下。

● 内容/题材/形式

UI 侧滑导航菜单动效。

● 设计要求

仔细观察移动 App 中常见的侧滑导航菜单动效的表现方式，制作出侧滑导航菜单动效，动效需要流畅、自然。

第 7 章
综合案例

设计 UI 动效并不是为了娱乐用户，而是为了让用户理解现在所发生的事情，更有效地说明 UI 的操作方法。在本章中将通过多个 UI 动效案例，使读者掌握 UI 常见动效的制作方法和表现技巧。

本章知识点
- 掌握天气界面动效的制作方法
- 掌握界面加载动效的制作方法
- 掌握通话界面动效的制作方法
- 掌握 App 欢迎界面动效的制作方法

7.1 制作天气界面动效

在天气 App 界面中，常常会根据当前的天气情况加入各种天气的表现动效，从而使界面的信息更加直观，也能够更直接地渲染出当前天气的效果，非常实用。

7.1.1 动效分析

在本小节中将带领读者完成一个下雪天气界面动效的制作，在界面中除了会制作各种天气信息元素入场的动画外，还将通过 CC Snowfall 效果制作出下雪的动效，从而使整个天气 App 界面的动效更加真实。本案例所制作的天气 App 界面动效最终效果如图 7-1 所示。

图 7-1　天气界面动效

7.1.2 制作步骤

源文件：源文件 \ 第 7 章 \7-1.aep　　视频：视频 \ 第 7 章 \7-1.mp4

01. 在 Photoshop 中打开设计好的素材文件"源文件 \ 第 7 章 \ 素材 \7101.psd"，打开"图层"面板，可以看到该素材文件中的相关图层组和图层，如图 7-2 所示。打开 After Effects，执行"文件 > 导入 > 文件"命令，在弹出的"导入文件"对话框中选择该素材文件，如图 7-3 所示。

图 7-2　psd 素材及图层

图 7-3　选择需要导入的 psd 素材文件

02. 单击"导入"按钮，弹出"设置"对话框，设置如图 7-4 所示。单击"确定"按钮，导入该素材，自动创建相应的合成文件，如图 7-5 所示。

图 7-4　设置对话框

图 7-5　导入 psd 素材文件

03. 在自动创建的合成文件上单击鼠标右键，在弹出的菜单中选择"合成设置"选项，弹出"合成设置"窗口，设置"持续时间"为 10 秒，如图 7-6 所示。单击"确定"按钮，完成"合成设置"对话框中的参数的设置，双击"7101"合成文件，在"合成"窗口中打开该合成文件，在"时间轴"面板中可以看到该合成文件中相应的图层，如图 7-7 所示。

图 7-6　修改"持续时间"选项

图 7-7　打开合成文件

提示：在"时间轴"面板中可以发现，所导入的 psd 素材中的图层组同样会自动创建为相应的合成文件，在合成文件中包含相应的图层内容。这里不仅需要设置"7101"合成文件的"持续时间"为 10 秒，也需要将"当前天气"和"未来天气"这两个合成文件的"持续时间"设置为 10 秒，并且将所有图层的持续时间都调整为 10 秒。

04. 在"时间轴"面板中双击"当前天气"合成文件，进入该合成文件的编辑界面，如图 7-8 所示。选择"天气图标"图层，将"时间指示器"移至 0 秒 12 帧的位置，按快捷键 P，显示该图层的"位置"属性，为该属性插入关键帧，如图 7-9 所示。

图 7-8　进入"当前天气"合成文件编辑状态 　　　　图 7-9　插入属性关键帧

05. 将"时间指示器"移至起始位置，在"合成"窗口中将该图层内容竖直向上移至合适的位置，如图 7-10 所示。在"时间轴"面板中同时选中该图层的两个关键帧，按快捷键 F9，为所选中的关键帧应用"缓动"效果，如图 7-11 所示。

提示：此处制作的是该图层中的内容从场景外竖直向下移动进入场景的动效，为什么要采用倒着做的方法呢？这是因为我们在设计稿中已经确定好了元素最终的位置，所以先在移动结束的位置插入关键帧，再在开始的位置将内容向上移出场景，这样可以确保内容最终移动结束的位置与设计稿相同。

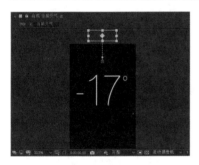

图 7-10　移动元素 　　　　　　　　　图 7-11　为关键帧应用"缓动"效果

06. 选择"天气信息"图层，按快捷键 S，显示该图层的"缩放"属性，将"时间指示器"移至 0 秒 6 帧的位置，为"缩放"属性插入关键帧，并设置该属性值为 0.0，0.0%，如图 7-12 所示，"合成"窗口中的效果如图 7-13 所示。

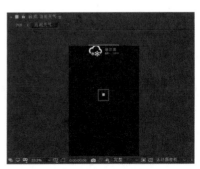

图 7-12　插入属性关键帧并设置属性值 　　　　　图 7-13　"合成"窗口效果

07. 将"时间指示器"移至 0 秒 20 帧的位置，设置"缩放"属性值为 100.0，100.0%，如图 7-14 所示。在"时间轴"面板中同时选中该图层的两个关键帧，按快捷键 F9，为所选中的关键帧应用"缓动"效果，如图 7-15 所示。

图 7-14 设置属性值效果　　　　　　　　　　　　　　图 7-15 为关键帧应用"缓动"效果

08. 完成"当前天气"合成文件中动效的制作，返回到"7101"合成中，双击"未来天气"合成，进入该合成的编辑界面中，如图 7-16 所示。选择"信息背景"图层，按快捷键 T，显示该图层的"不透明度"属性，将"时间指示器"移至 0 秒 20 帧的位置，设置"不透明度"属性值为 0%，并插入该属性关键帧，如图 7-17 所示。

图 7-16 进入"未来天气"合成编辑状态　　　　　　　　图 7-17 插入属性关键帧

09. 将"时间指示器"移至 1 秒 8 帧的位置，设置该图层的"不透明度"属性值为 100%，如图 7-18 所示。选择"信息 1"图层，按快捷键 P，显示该图层的"位置"属性，将"时间指示器"移至 1 秒 20 帧的位置，为"位置"属性插入关键帧，如图 7-19 所示。

图 7-18 设置"不透明度"属性值　　　　　　　　　　　图 7-19 插入属性关键帧

10. 将"时间指示器"移至 1 秒 8 帧的位置，在"合成"窗口将该图层内容向下移至合适的位置，如图 7-20 所示。选择"信息 2"图层，按快捷键 P，显示该图层的"位置"属性，将"时间指示器"移至 2 秒 3 帧的位置，为"位置"属性插入关键帧，如图 7-21 所示。

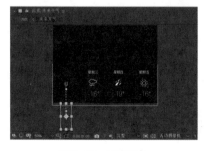

图 7-20 移动元素　　　　　　　　　　　　　　　　　图 7-21 插入属性关键帧

11. 将"时间指示器"移至 1 秒 16 帧的位置，在"合成"窗口中将该图层内容向下移至合适的位置，如图 7-22 所示。选择"信息 3"图层，按快捷键 P，显示该图层的"位置"属性，将"时间指示器"移至 2 秒 11 帧的位置，为"位置"属性插入关键帧，如图 7-23 所示。

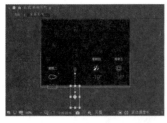

图 7-22　移动元素

图 7-23　插入属性关键帧

12. 将"时间指示器"移至 1 秒 23 帧的位置，在"合成"窗口中将该图层内容向下移至合适的位置，如图 7-24 所示。选择"信息 4"图层，按快捷键 P，显示该图层的"位置"属性，将"时间指示器"移至 2 秒 19 帧的位置，为"位置"属性插入关键帧，如图 7-25 所示。

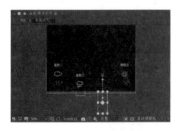

图 7-24　移动元素

图 7-25　插入属性关键帧

13. 将"时间指示器"移至 2 秒 7 帧的位置，在"合成"窗口中将该图层内容向下移至合适的位置，如图 7-26 所示。同时选中"信息 1"至"信息 4"图层中的关键帧，按快捷键 F9，为其应用"缓动"效果，如图 7-27 所示。

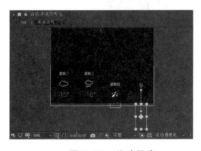

图 7-26　移动元素

图 7-27　为关键帧应用"缓动"效果

14. 完成"未来天气"合成文件中动画效果的制作，返回到"7101"合成文件中。执行"图层 > 新建 > 纯色"命令，弹出"纯色设置"对话框，设置颜色为白色，如图 7-28 所示。单击"确定"按钮，新建纯色图层，将该图层调整至"背景 17101.psd"图层上方，如图 7-29 所示。

图 7-28　"纯色设置"对话框

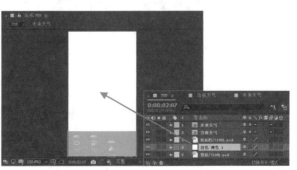

图 7-29　新建纯色图层并调整图层顺序

15. 选择刚新建的纯色图层，执行"效果 > 模拟 >CC Snowfall"命令，为该图层应用 CC Snowfall 效果，在"效果控件"面板中取消勾选"Composite With Original"复选框勾选，如图 7-30 所示，在"合成"窗口中可以看到 CC Snowfall 所模拟的下雪效果，如图 7-31 所示。

图 7-30　取消勾选复选框　　　　　图 7-31　"合成"窗口的效果

> **提示：** 在 CC Snowfall 效果的"效果控件"面板中，可以通过各属性来控制雪量的大小、雪花的尺寸、下雪的偏移方向等，用户在设置的过程中完全可以根据自己的需要对参数进行调整。

16. 在"效果控件"面板中对 CC Snowfall 效果的相关属性进行设置，从而调整下雪的动画效果，如图 7-32 所示，在"合成"窗口中可以看到设置后的下雪效果，如图 7-33 所示。

图 7-32　对效果的相关属性进行设置　　　　图 7-33　"合成"窗口的效果

17. 完成该天气 App 界面动效的制作，单击"预览"面板上的"播放 / 停止"按钮▶，可以在"合成"窗口中预览动效。也可以根据前面介绍的渲染输出方法，将该动效渲染输出为视频文件，再使用 Photoshop 将其输出为 GIF 格式动效图片，效果如图 7-34 所示。

图 7-34　下雪天气界面动效

7.2 制作界面加载动效

界面内容加载等待动效是目前网站和移动应用设计中都无法绕过且必需的组成部分，合理的加载动效不仅能够丰富界面的视觉表现效果，并且能够有效提升产品的用户体验。

7.2.1 动效分析

本案例设计的界面加载动效是一个多彩的冰淇淋效果，使界面表现出很强的趣味性。在该加载动效的设计过程中，主要是通过绘制多个不同色彩的矩形，并制作出矩形位置移动的动效，再绘制冰淇淋图形作为遮罩图形，从而制作出该界面的加载动效。本案例所制作的界面加载动效最终效果如图 7-35 所示。

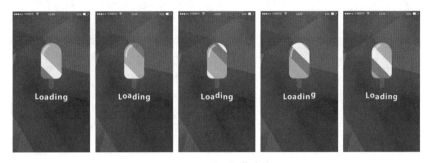

图 7-35　界面加载动效

7.2.2 制作步骤

源文件：源文件 \ 第 7 章 \7-2.aep　　视频：视频 \ 第 7 章 \7-2.mp4

扫码看视频

01. 在 After Effects 中新建一个空白的项目，执行"合成 > 新建合成"命令，弹出"合成设置"对话框，对相关选项进行设置，如图 7-36 所示。执行"文件 > 导入 > 文件"命令，导入素材图像"源文件 \ 第 7 章 \ 素材 \7201.jpg"，如图 7-37 所示。

图 7-36　设置"合成设置"对话框

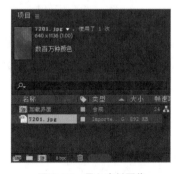

图 7-37　导入素材图像

02. 将"7201.jpg"素材中的参数从"项目"面板中拖入"时间轴"面板，如图 7-38 所示。执行"合成 > 新建合成"命令，弹出"合成设置"对话框，对相关选项进行设置，如图 7-39 所示。

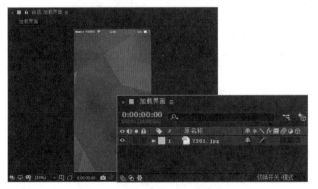

图 7-38　拖入素材图像并锁定图层

图 7-39　设置"合成设置"对话框中的参数

03. 单击"确定"按钮，进入刚创建的名称为"矩形动画"的合成文件的编辑状态。使用"矩形工具"，在工具栏中设置"填充"为#FFA800，"描边"为无，在画布中绘制一个矩形，如图7-40所示。展开该图层下的"矩形1"选项中的"矩形路径1"选项，修改该矩形的大小，如图7-41所示。

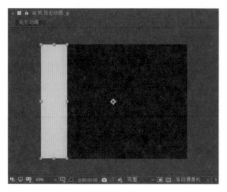

图7-40　绘制矩形

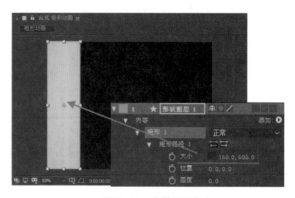

图7-41　设置矩形大小

04. 选择"形状图层1"下的"矩形1"选项，按组合键Ctrl+D，原位复制得到"矩形2"，将复制得到的矩形向右移至合适的位置，并修改其填充颜色为#FF4A4A，如图7-42所示。使用相同的制作方法，将该矩形复制多次，并分别设置为不同的颜色，如图7-43所示。

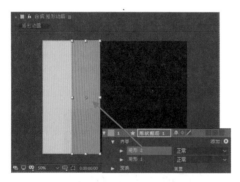

图7-42　复制矩形并调整

图7-43　复制多个矩形并分别调整

05. 在"形状图层1"下方同时选中"矩形2"至"矩形5"选项，如图7-44所示。按组合键Ctrl+D，对选中的多个矩形进行复制，将复制得到的矩形向右移至合适的位置，如图7-45所示。

图7-44　选中多个矩形选项

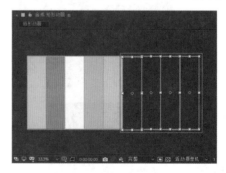

图7-45　复制矩形并移动

06. 选择"形状图层1"，按快捷键P，显示出该图层的"位置"属性，将"时间指示器"移至0秒的位置，为"位置"属性插入关键帧，如图7-46所示。将"时间指示器"移至2秒12帧的位置，在"合成"窗口中将绘制的图形向左移至合适的位置，如图7-47所示。

提示：在该合成文件中制作的是简单的多种不同色彩的矩形移动的动效，但是需要注意的是，为了使动效在循环播放时能够表现出无缝连接的效果，该图形运动结束位置的效果与起始位置的效果是完全相同的，这样在动效循环播放时才能够实无缝的连接。

图 7-46　插入属性关键帧

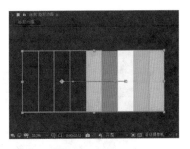

图 7-47　移动元素

07. 在"时间轴"面板中按住 Alt 键单击"位置"属性前的"时间变化秒表"图标，为"位置"属性添加表达式"loopOut（type="cycle"，numkeyframes=0）"，如图 7-48 所示。

图 7-48　输入表达式

提示：此处通过为"位置"属性添加相应的表达式来实现该图层中"位置"属性关键帧动效的循环播放，而不需要等播放到时间结束后再从头开始播放，而是直接从该"位置"属性关键帧动效的结束位置跳转到"位置"属性关键帧动效的开始位置，从而实现动效的循环。

08. 返回到"加载界面"合成的编辑状态，选择"圆角矩形工具"，设置"填充"为白色，"描边"为无，在"合成"窗口中绘制圆角矩形，如图 7-49 所示。展开"形状图层 1"下的"矩形 1"选项下的"矩形路径 1"选项，设置"圆度"为 40，效果如图 7-50 所示。

图 7-49　绘制圆角矩形

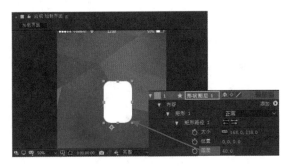

图 7-50　设置圆角矩形相关属性

09. 选择"形状图层 1"下的"矩形 1"选项，选择"椭圆工具"，在"合成"窗口中按住 Shift 键拖动光标，绘制一个正圆形，如图 7-51 所示。选择"形状图层 1"，在"合成"窗口中将该图形调整至合适的大小和位置，如图 7-52 所示。

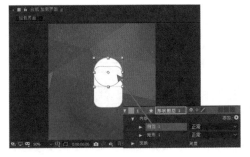

图 7-51　绘制正圆形

图 7-52　调整图形大小和位置

10. 将"矩形动画"合成文件从"项目"面板中拖入到"时间轴"面板，并调整至"形状图层 1"下方，如图 7-53 所示。在"合成"窗口中，将该对象调整至合适的大小并旋转适当的角度，如图 7-54 所示。

图 7-53　拖入合成文件并调整图层顺序

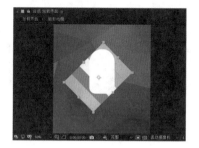

图 7-54　调整元素在大小和角度

11. 单击"时间轴"面板左下角的"展开或折叠'转换控制'窗格"按钮，显示"转换控制"选项，选择"矩形动画"图层，设置该图层的"TrkMat"选项为"Alpha 遮罩'形状图层 1'"，如图 7-55 所示。在"合成"窗口中可以看到将"形状图层 1"作为"矩形动画"图层的遮罩图层所实现的效果，如图 7-56 所示。

图 7-55　设置"TrkMat"选项

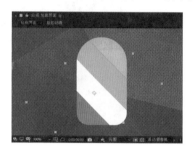

图 7-56　"合成"窗口中的显示效果

12. 不要选择任何对象，选择"圆角矩形工具"，在工具栏中设置"填充"为 #5E5044，"描边"为无，在"合成"窗口中合适的位置绘制圆角矩形，如图 7-57 所示。将所绘制的圆角矩形调整至合适的大小和位置，将该图层调整至"矩形动画"图层的下方，效果如图 7-58 所示。

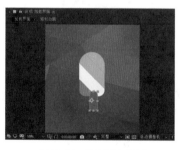

图 7-57　绘制圆角矩形

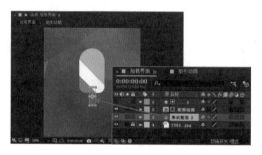

图 7-58　调整图层顺序

13. 不要选择任何对象，选择"钢笔工具"，在工具栏中设置"填充"为无，"描边"为白色，"描边宽度"为 16 像素，在"合成"窗口中合适的位置绘制路径，如图 7-59 所示。展开该图层下的"形状 1"选项中的"描边 1"选项，设置"线段端点"为"圆头端点"，效果如图 7-60 所示。

图 7-59　绘制曲线路径

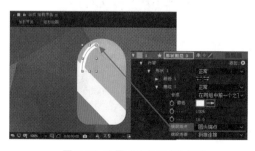

图 7-60　设置"线段端点"属性

14. 设置"形状图层3"的"不透明度"属性值为50%，效果如图7-61所示。选择"横排文字工具"，在"合成"窗口中单击并输入相应的文字，如图7-62所示。

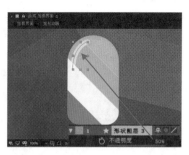

图7-61 设置"不透明度"属性效果

图7-62 输入文字

15. 将该文字图层复制多次，并分别对各文字图层中的内容进行修改，每个文字图层中只保留一个相应的字母，如图7-63所示。将"时间指示器"移至0秒的位置，选择"L"图层，按快捷键P，显示该图层的"位置"属性，为该属性插入关键帧，如图7-64所示。

图7-63 复制并调整文字

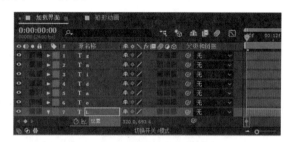

图7-64 插入属性关键帧

16. 将"时间指示器"移至0秒5帧的位置，在"合成"窗口中将字母"L"向上移动，如图7-65所示。将"时间指示器"移至0秒10帧的位置，在"合成"窗口中将字母"L"向下移动，如图7-66所示。

图7-65 移动文字

图7-66 移动文字

17. 同时选中该图层的3个属性关键帧，按组合键Ctrl+C，复制关键帧，将"时间指示器"移至1秒20帧的位置，按组合键Ctrl+V，粘贴关键帧，如图7-67所示。将"时间指示器"移至4秒10帧的位置，按组合键Ctrl+V，粘贴关键帧，如图7-68所示。

图7-67 复制并粘贴关键帧

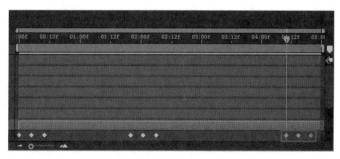

图7-68 粘贴关键帧

18. 使用相同的制作方法，完成其他文字图层中动画效果的制作，注意每个字母向上运动时都比前一个字母延迟 5 帧，最终实现字母逐个向上运动的动画效果，"时间轴"面板如图 7-69 所示。

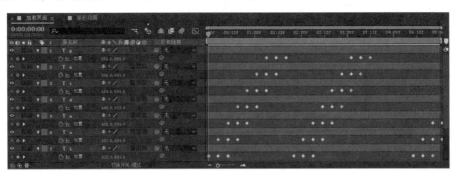

图 7-69 "时间轴"面板

19. 完成该界面加载动效的制作，单击"预览"面板上的"播放 / 停止"按钮 ▶，可以在"合成"窗口中预览动效。也可以根据前面介绍的渲染输出方法，将该动效渲染输出为视频文件，再使用 Photoshop 将其输出为 GIF 格式的动效图片，效果如图 7-70 所示。

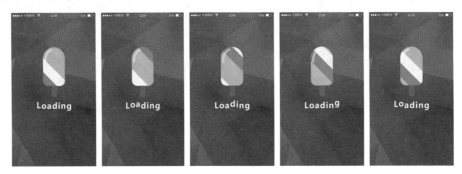

图 7-70 界面加载动效

7.3 制作通话界面动效

通话界面中的运效通常都是展示性动效，表现通话过程，也可以为相应的功能操作按钮加入动效，从而引导用户操作。

7.3.1 动效分析

本实例中，主要为"挂断"功能操作按钮添加动效，从而引导用户的操作，并且在界面中制作了声音波形的动效，使通话界面的更加形象。本案例所制作的通话界面动效最终效果如图 7-71 所示。

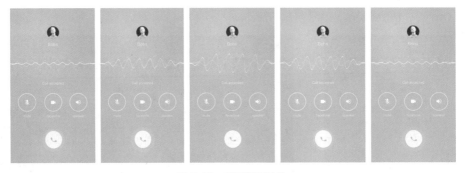

图 7-71 通话界面动效

7.3.2 制作步骤

源文件：源文件 \ 第 7 章 \7-3.aep   视频：视频 \ 第 7 章 \7-3.mp4

01. 打开 After Effects，执行"文件 > 导入 > 文件"命令，选择素材文件"源文件 \ 第 7 章 \ 素材 \7301. psd"，单击"导入"按钮，弹出设置对话框，设置如图 7-72 所示。单击"确定"按钮，导入该 psd 格式的素材，自动创建相应的合成文件，如图 7-73 所示。

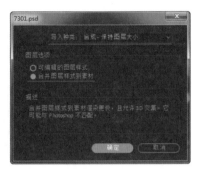

图 7-72　设置对话框

图 7-73　导入 psd 格式的素材文件

02. 在自动创建的合成文件上单击鼠标右键，在弹出的菜单中选择"合成设置"选项，弹出"合成设置"窗口，设置"持续时间"为 3 秒，如图 7-74 所示。单击"确定"按钮，完成"合成设置"对话框中的参数的设置，双击"7301"合成，在"合成"窗口中打开该合成文件，在"时间轴"面板中可以看到该合成文件中相应的图层，如图 7-75 所示。

图 7-74　修改"持续时间"选项

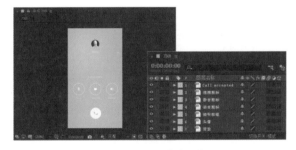

图 7-75　打开合成文件

03. 选择"椭圆工具"，在工具栏中设置"填充"为白色，"描边"为无，在"合成"窗口中按住 Shift 键拖动光标，绘制正圆形，如图 7-76 所示。使用"向后平移（锚点）工具"，将所绘制的正圆形的锚点移至该图形中心位置，如图 7-77 所示。

图 7-76　绘制正圆形

图 7-77　调整正圆形锚点位置

04. 将"形状图层 1"移至"接听按钮"图层的下方，按组合键 Ctrl+D，复制该图层得到"形状图层 2"，将"形状图层 2"暂时隐藏，如图 7-78 所示。选择"形状图层 1"，将"时间指示器"移至 0 秒的位置，为该图层插入"缩放"和"不透明度"属性关键帧，如图 7-79 所示。

图 7-78　复制图层并隐藏　　　　　　　　　　　图 7-79　插入属性关键帧

05. 设置"缩放"属性值为 130%，"不透明度"属性值为 15%，效果如图 7-80 所示。将"时间指示器"移至 0 秒 12 帧的位置，设置"缩放"属性值为 150%，"不透明度"属性值为 0%，效果如图 7-81 所示。

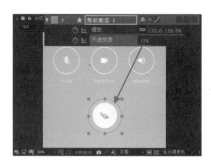
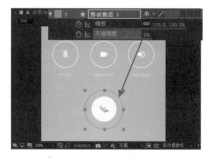

图 7-80　设置属性值效果　　　　　　　　　　　图 7-81　设置属性值效果

06. 按住 Alt 键单击"形状图层 1"下方的"缩放"属性前的"秒表"按钮，显示表达式输入窗口，输入表达式"loopOut（type="cycle"，numkeyframes=0）"，如图 7-82 所示。相同的制作方法，为"不透明度"属性添加相同的表达式，如图 7-83 所示。

图 7-82　输入表达式

图 7-83　输入表达式

> **提示：** 此处所添加的表达式"loopOut（type="cycle"，numkeyframes=0）"在之前所制作的案例中也有使用，主要用于指定的属性关键帧动画循环播放，忽略当前图层的持续时间。

07. 选择并显示"形状图层 2"，将"时间指示器"移至 0 秒的位置，为该图层插入"缩放"和"不透明度"属性关键帧，设置"缩放"属性值为 110%，"不透明度"属性值为 10%，如图 7-84 所示。将"时间指示器"移至 0 秒 11 帧的位置，设置"缩放"属性值为 125%，"不透明度"属性值为 20%，效果如图 7-85 所示。

图 7-84 插入属性关键帧并设置属性值

图 7-85 设置属性值效果

08. 将"时间指示器"移至 1 秒 2 帧的位置，设置"缩放"属性值为 150%，"不透明度"属性值为 0%，效果如图 7-86 所示。使用与前面相同的制作方法，分别为该图层下的"缩放"和"不透明度"属性添加表达式"loopOut（type="cycle"，numkeyframes=0）"，如图 7-87 所示。

图 7-86 设置属性值效果

图 7-87 输入表达式

09. 接下来在界面中制作声音波形的动效。选择"钢笔工具"，在工具栏中设置"填充"为无，"描边"为白色，"描边宽度"为 4 像素，在"合成"窗口中绘制一条直线，如图 7-88 所示。将该图层重命名为"声音波形"，执行"效果 > 扭曲 > 波形变形"命令，为其应用"波形变形"效果，如图 7-89 所示。

图 7-88 绘制直线

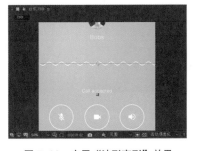

图 7-89 应用"波形变形"效果

10. 将"时间指示器"移至 0 秒 15 帧的位置，在"效果控件"面板中对"波形变形"效果的相关属性进行设置，并为相关属性插入关键帧，如图 7-90 所示。在"合成"窗口中可以看到波形的效果，如图 7-91 所示。

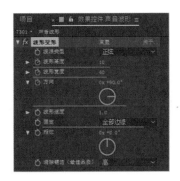

图 7-90 设置效果相关属性

图 7-91 波形效果

11. 选择"声音波形"图层，按快捷键 U，在该图层下只显示添加了关键帧的属性，如图 7-92 所示。将"时间指示器"移至 1 秒的位置，修改"波形高度"属性值为 83，"波形宽度"属性值为 58，"方向"属性值为 100°，效果如图 7-93 所示。

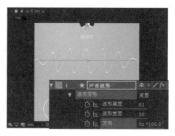

图 7-92　只显示添加了关键帧的属性　　　　图 7-93　设置属性值效果

12. 拖动鼠标同时选中 0 秒 15 帧位置的 3 个属性关键帧，按组合键 Ctrl+C 进行复制，将"时间指示器"移至 2 秒的位置，按组合键 Ctrl+V，进行粘贴，如图 7-94 所示。

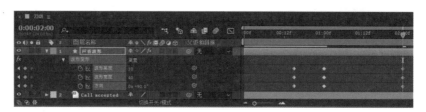

图 7-94　复制并粘贴关键帧

13. 同时选中该图层中的所有属性关键帧，按快捷键 F9，为其应用"缓动"效果，如图 7-95 所示。按住 Alt 键单击"波形变形"选项下的"波形速度"属性前的"时间变化秒表"按钮，显示表达式输入窗口，输入表达式"linear（time，0.5，1.5，1，3）"，如图 7-96 所示。

图 7-95　应用"缓动"效果　　　　　　图 7-96　输入表达式

> 提示：在此处所添加的表达式"linear（time，0.5，1.5，1，3）"中，linear 是一个线性映射函数，这句表达式的意思是当时间从 0.5 秒推移到 1.5 秒的时候，属性值从 1 变化到 3。

14. 选择"声音波形"图层，按组合键 Ctrl+D，得到"声音波形 2"图层，将"时间指示器"移至 0 秒的位置，将"声音波形 2"图层的属性关键帧清除，展开该图层的属性，修改其"不透明度"属性为 40%，如图 7-97 所示。在"合成"窗口中可以看到复制得到的声音波形的效果，如图 7-98 所示。

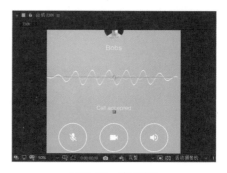

图 7-97　复制图层并修改属性　　　　图 7-98　波形效果

15. 将"时间指示器"移至0秒18帧的位置，展开"声音波形2"图层下的"效果"选项下的"波形变形"选项，设置"波形高度"属性值为29，设置"波形宽度"属性值为55，并为这两个属性插入关键帧，如图7-99所示。在"合成"窗口中可以看到波形的效果，如图7-100所示。

图 7-99　设置属性值并插入关键帧

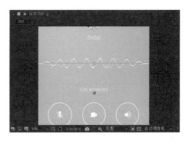
图 7-100　波形效果

16. 将"时间指示器"移至1秒3帧的位置，设置"波形高度"属性值为24，设置"波形宽度"属性值为67，效果如图7-101所示。拖动鼠标同时选中0秒18帧位置的2个属性关键帧，按组合键Ctrl+C，进行复制，将"时间指示器"移至2秒的位置，按组合键Ctrl+V，进行粘贴，如图7-102所示。

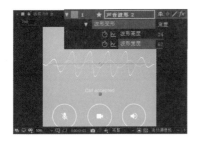
图 7-101　设置属性值效果

图 7-102　复制并粘贴属性关键帧

17. 同时选中该图层中的所有属性关键帧，按快捷键F9，为其应用"缓动"效果，如图7-103所示。

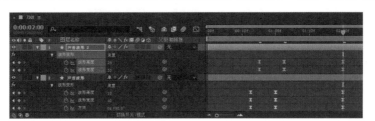
图 7-103　应用"缓动"效果

提示：此处是通过复制"声音波形"图层的方式来制作第2个声音波形的动效，在复制得到的"声音波形2"图层中，我们只是删除了属性关键帧，并没有删除为该图层所添加的"波形变形"效果，因此，复制得到的图层中保留了为"波形变形"效果中"波形速度"属性所添加的表达式。

18. 选择"声音波形2"图层，按组合键Ctrl+D，得到"声音波形3"图层，使用与"声音波形2"图层相同的制作方法，完成该图层中波形动效的制作，重点是通过为"波形变形"效果设置不同的参数来得到不同的波形效果，"合成"窗口如图7-104所示，"时间轴"面板如图7-105所示。

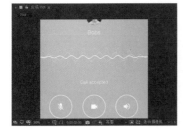
图 7-104　波形效果

图 7-105　"时间轴"面板

19. 完成该通话界面动效的制作，单击"预览"面板上的"播放 / 停止"按钮▶，可以在"合成"窗口中预览动效。也可以根据前面介绍的渲染输出方法，将该动效渲染输出为视频文件，再使用 Photoshop将其输出为 GIF 格式的动效图片，效果如图 7–106 所示。

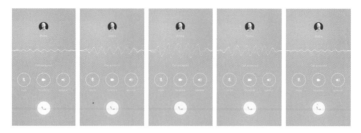

图 7–106　通话界面动效

7.4　制作 App 欢迎界面动效

很多 App 都会设计一个欢迎界面，通过动效的形式来表现欢迎界面，能够给用户带来新鲜感，并有效引起新用户的关注。

7.4.1　动效分析

本实例所制作的 App 欢迎界面动效，主要是通过曲线运动与遮罩的方式相结合进行表现，体现出该 App的特点并且很好地实现了界面的切换转场。本案例所制作的 App 欢迎界面动效的最终效果如图 7–107 所示。

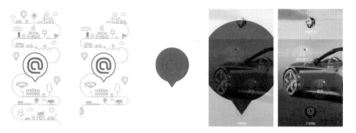

图 7–107　App 欢迎界面动效

7.4.2　制作步骤

扫码看视频

> 源文件：源文件 \ 第 7 章 \7-4.aep　　　视频：视频 \ 第 7 章 \7-4.mp4

01. 在 Photoshop 中打开设计好的 App 欢迎界面素材文件"源文件 \ 第 7 章 \ 素材 \7401.psd"，打开"图层"面板，可以看到相关图层组和图层，如图 7–108 所示。打开 After Effects，执行"文件 > 导入 > 文件"命令，选择该素材文件，单击"导入"按钮，弹出设置对话框，设置如图 7–109 所示。

图 7–108　psd 素材及图层　　　　　图 7–109　设置对话框

02. 单击"确定"按钮，导入 psd 格式的素材，自动创建相应的合成文件，如图 7-110 所示。在自动创建的合成上单击鼠标右键，在弹出的菜单中选择"合成设置"选项，弹出"合成设置"窗口，设置"持续时间"为 4 秒，如图 7-111 所示。

图 7-110　导入 psd 素材文件　　　　图 7-111　修改"持续时间"选项

03. 单击"确定"按钮，完成"合成设置"对话框中的参数的设置，双击"7401"合成文件，在"合成"窗口中打开该合成文件，效果如图 7-112 所示。在"时间轴"面板中可以看到该合成文件中相应的图层，如图 7-113 所示。

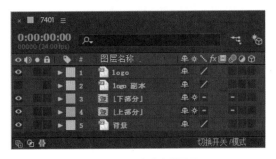

图 7-112　打开合成文件　　　　　　图 7-113　合成中的图层

04. 在"时间轴"面板中双击"上部分"合成文件，进入该合成文件的编辑状态，如图 7-114 所示。将"时间指示器"移至 0 秒的位置，选择"汽车"图层，按快捷键 P，显示该图层的"位置"属性，为该属性插入关键帧，如图 7-115 所示。

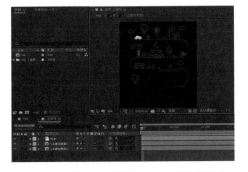

图 7-114　进入"上部分"合成文件编辑状态　　　图 7-115　插入属性关键帧

05. 将"时间指示器"移至 0 秒 20 帧的位置，在"合成"窗口中将图形移至合适的位置，如图 7-116 所示。将"时间指示器"移至 1 秒 2 帧的位置，在"合成"窗口中将图形移至合适的位置，如图 7-117 所示。

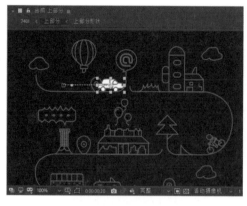

图 7-116 移动元素

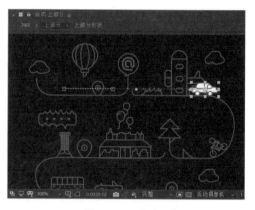

图 7-117 移动元素

06. 将"时间指示器"移至 1 秒 11 帧的位置，在"合成"窗口中将图形移至合适的位置，如图 7-118 所示。将"时间指示器"移至 1 秒 19 帧的位置，在"合成"窗口中将图形移至合适的位置，如图 7-119 所示。

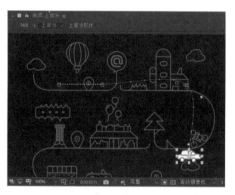

图 7-118 移动元素

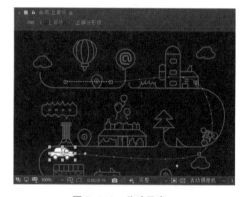

图 7-119 移动元素

07. 将"时间指示器"移至 2 秒 3 帧的位置，在"合成"窗口中将图形移至合适的位置，如图 7-120 所示。将"时间指示器"移至 2 秒 11 帧的位置，在"合成"窗口中将图形移至合适的位置，如图 7-121 所示。

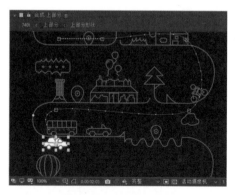

图 7-120 移动元素

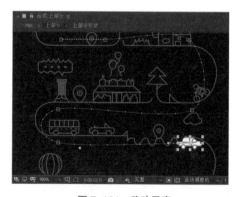

图 7-121 移动元素

08. 将"时间指示器"移至 3 秒的位置，在"合成"窗口中将图形移至合适的位置，如图 7-122 所示。选择"汽车"图层，执行"图层 > 变换 > 自动定向"命令，弹出"自动方向"对话框，设置如图 7-123 所示，单击"确定"按钮。

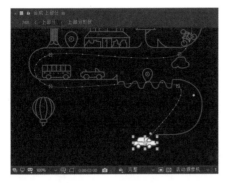

图 7-122　移动元素

图 7-123　"自动方向"对话框

09. 使用"转换'顶点'工具"和"选取工具"对运动路径进行调整，使运动路径与红色线条相似，如图 7-124 所示。

图 7-124　调整运动路径

10. 在"时间轴"面板中可以看到该图层中的属性关键帧，如图 7-125 所示。

图 7-125　"时间轴"面板

> 提示：在对运动路径进行调整的过程中，重点是使汽车的运动路径与红色的曲线线条相似，从而使汽车保持在红色线条上运动，必要的时候可以在相应的位置添加关键帧，从而保持曲线运动路径的平滑。

11. 在"时间轴"面板中双击"上部分线条"合成文件，进入该合成文件的编辑状态，如图 7-126 所示。不要选择任何对象，选择"钢笔工具"，在工具栏中设置"填充"为无，"描边"为白色，"描边宽度"为 10 像素，在"合成"窗口中绘制曲线路径，如图 7-127 所示。

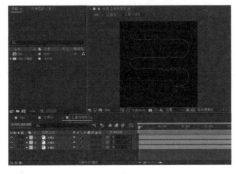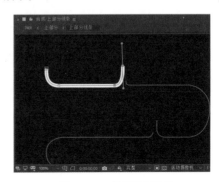

图 7-126　进入"上部分线条"合成文件编辑状态　　　图 7-127　绘制曲线路径

12. 单击"形状图层1"下的"内容"选项右侧的"添加"图标，在弹出的菜单中选择"修剪路径"选项，为其添加"修剪路径"属性，如图7-128所示。将"时间指示器"移至0秒的位置，设置"修剪路径1"选项中的"结束"属性值为0.0%，并为该属性插入关键帧，如图7-129所示。

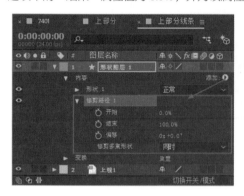

图 7-128 添加"修剪路径"属性

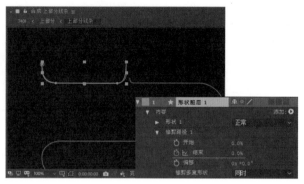

图 7-129 设置属性值并插入属性关键帧

13. 将"时间指示器"移至1秒的位置，设置"结束"属性值为100.0%，效果如图7-130所示。单击"时间轴"面板左下角的"展开或折叠'转换控制'窗格"图标，显示"转换控制"选项，如图7-131所示。

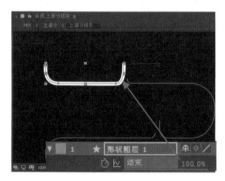

图 7-130 设置属性值效果

图 7-131 显示"转换控制"选项

14. 选择"上线1"图层，设置其"TrkMat"选项为"Alpha反转遮罩'形状图层1'"，如图7-132所示。在"合成"窗口中可以看到当播放到1秒的位置时，"上线1"图层中的线条会被完全隐藏，如图7-133所示。

图 7-132 设置"TrkMat"选项

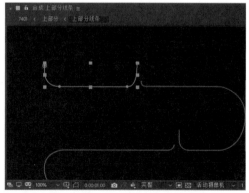

图 7-133 "合成"窗口显示效果

15. 不要选择任何对象，选择"钢笔工具"，在工具栏中设置"填充"为无，"描边"为白色，"描边宽度"为10像素，在"合成"窗口中绘制曲线路径，如图7-134所示。将"形状图层2"移至"上线2"图层上方，为该图层添加"修剪路径"属性，如图7-135所示。

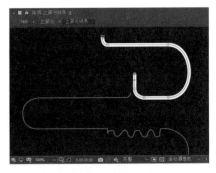

图 7-134　绘制曲线路径

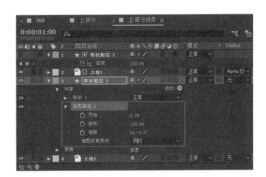

图 7-135　添加"修剪路径"属性

16. 将"时间指示器"移至 1 秒的位置，设置"形状图层 2"下的"修剪路径 1"选项中的"结束"属性值为 0.0%，并为该属性插入关键帧，如图 7-136 所示。将"时间指示器"移至 1 秒 18 帧的位置，设置"结束"属性值为 100.0%，效果如图 7-137 所示。

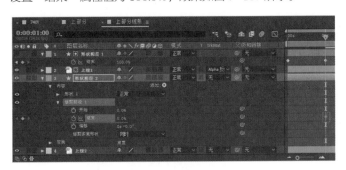

图 7-136　设置属性值并插入关键帧

图 7-137　设置属性值效果

17. 选择"上线 2"图层，设置其"TrkMat"选项为"Alpha 反转遮罩'形状图层 2'"，如图 7-138 所示。在"合成"窗口中可以看到当播放到 1 秒 18 帧的位置时，"上线 2"图层中的线条会被完全隐藏，如图 7-139 所示。

图 7-138　设置"TrkMat"选项

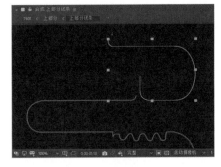

图 7-139　"合成"窗口显示效果

18. 使用相同的制作方法，在"合成"窗口中为"上线 3"绘制曲线路径，并完成相应遮罩动画的制作，"合成"窗口如图 7-140 所示，"时间轴"面板如图 7-141 所示。

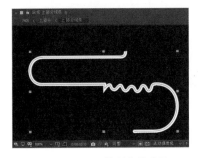

图 7-140　绘制曲线路径

图 7-141　"时间轴"面板

19. 完成"上部分线条"合成文件中动画效果的制作，返回到"上部分"合成文件的编辑状态中，接下来制作"上部分形状"合成文件中的动画效果。在"时间轴"面板中双击"上部分形状"合成文件，进入该合成文件的编辑状态，"合成"窗口效果如图7-142所示，"时间轴"面板如图7-143所示。

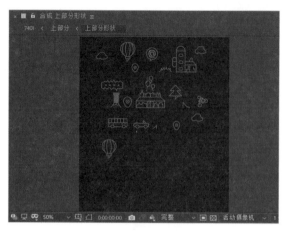

图7-142 进入"上部分形状"合成文件编辑状态

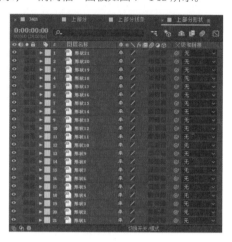

图7-143 "时间轴"面板

20. 将"时间指示器"移至0秒的位置，选择"形状1"图层，按快捷键S，显示该图层的"缩放"属性，为该属性插入关键帧，如图7-144所示。将"时间指示器"移至0秒5帧的位置，设置"缩放"属性值为120.0，120.0%，效果如图7-145所示。

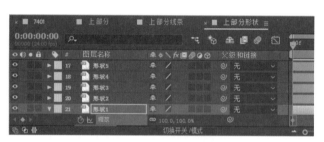

图7-144 插入属性关键帧

图7-145 设置属性值效果

21. 将"时间指示器"移至0秒8帧的位置，设置"缩放"属性值为0.0，0.0%，效果如图7-146所示。选中该图层中的所有关键帧，按快捷键F9，为其应用"缓动"效果，如图7-147所示。

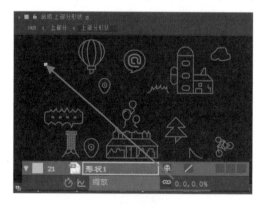

图7-146 设置属性值效果

图7-147 应用"缓动"效果

22. 将"时间指示器"移至0秒5帧的位置，选择"形状2"图层，按快捷键S，显示该图层的"缩放"属性，为该属性插入关键帧，如图7-148所示。将"时间指示器"移至0秒12帧的位置，设置"缩放"属性值为120.0，120.0%，效果如图7-149所示。

图 7-148　插入属性关键帧

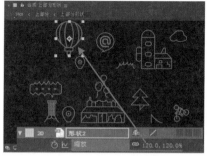

图 7-149　设置属性值效果

23. 将"时间指示器"移至 0 秒 16 帧的位置，设置"缩放"属性值为 0.0，0.0%，效果如图 7-150 所示。选中该图层中的所有关键帧，按快捷键 F9，为其应用"缓动"效果，如图 7-151 所示。

图 7-150　设置属性值效果

图 7-151　应用"缓动"效果

24. 使用相同的制作方法，完成其他图层动画效果的制作，注意元素顺序缩小消失，"时间轴"面板如图 7-152 所示。

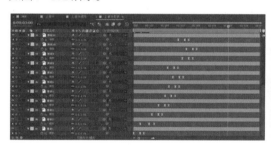
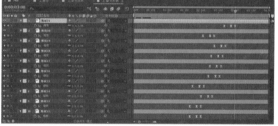

图 7-152　"时间轴"面板

25. 完成"上部分形状"合成文件中动效的制作，这样就完成了"上部分"合成文件中所有动效的制作，返回到"7401"合成文件的编辑状态中，接下来制作"下部分"合成文件中的动效。在"时间轴"面板中双击"下部分"合成文件，进入该合成文件的编辑状态，"合成"窗口效果如图 7-153 所示，"时间轴"面板如图 7-154 所示。

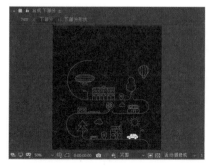

图 7-153　"合成"窗口

图 7-154　"时间轴"面板

26. 使用与"上部分"合成文件相同的制作方法，可以完成该"下部分"合成中各部分动效的制作。

27. 返回到"7401"合成文件的编辑状态中，将"时间指示器"移至3秒3帧的位置，选择"上部分"图层，按快捷键T，显示"不透明度"属性，为该属性插入关键帧，如图7-155所示。将"时间指示器"移至3秒4帧的位置，设置"不透明度"属性值为0%，效果如图7-156所示。

图 7-155 插入属性关键帧

图 7-156 设置属性值效果

28. 使用相同的制作方法，完成"下部分"图层的"不透明度"属性动画的制作，"时间轴"面板如图7-157所示。

图 7-157 "时间轴"面板

29. 将"时间指示器"移至3秒4帧的位置，选择"Logo"图层，为该图层的"缩放"和"不透明度"属性插入关键帧，如图7-158所示。将"时间指示器"移至3秒9帧的位置，设置"缩放"属性值为90%，如图7-159所示，并为"不透明度"属性添加关键帧。

图 7-158 插入属性关键帧

图 7-159 设置属性值效果

30. 将"时间指示器"移至3秒15帧的位置，设置"缩放"属性值为150.0，150.0%，设置"不透明度"属性值为0%，如图7-160所示。拖动鼠标同时选中该图层中"缩放"属性的3个关键帧，按快捷键F9，为其应用"缓动"效果，如图7-161所示。

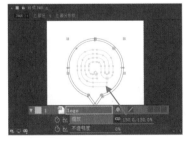

图 7-160 设置属性值效果

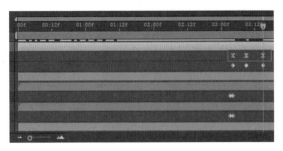

图 7-161 应用"缓动"效果

31. 将"时间指示器"移至3秒4帧的位置，选择"Logo 副本"图层，为该图层的"缩放"和"不透明度"属性插入关键帧，并设置"不透明度"属性值为0%，如图7-162所示。将"时间指示器"移至3秒9帧的位置，设置"缩放"属性值为90%，如图7-163所示，并为"不透明度"属性添加关键帧。

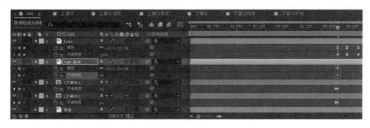

图7-162　插入关键帧并设置属性值

图7-163　设置属性值效果

32. 将"时间指示器"移至3秒15帧的位置，设置"缩放"属性值为150.0，150.0%，设置"不透明度"属性值为100%，如图7-164所示。将"时间指示器"移至3秒20帧的位置，调整"缩放"属性值，使图形覆盖整个界面区域，如图7-165所示。

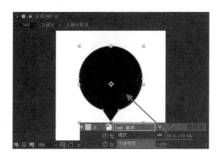

图7-164　设置属性值效果

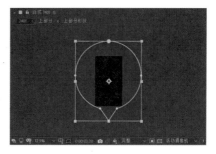

图7-165　设置属性值效果

33. 拖动鼠标同时选中该图层中"缩放"属性的4个关键帧，按快捷键F9，为其应用"缓动"效果，如图7-166所示。

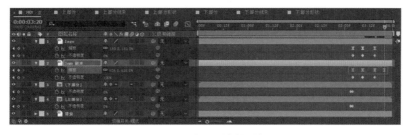

图7-166　应用"缓动"效果

34. 执行"文件 > 导入 > 文件"命令，导入素材图片"源文件 \ 第7章 \ 素材 \7402.jpg"，将该素材图片拖入"时间轴"面板，效果如图7-167所示。将"时间指示器"移至3秒15帧的位置，按快捷键T，显示该图层的"不透明度"属性，设置其属性值为0%，并插入该属性关键帧，如图7-168所示。

图7-167　拖入素材图像

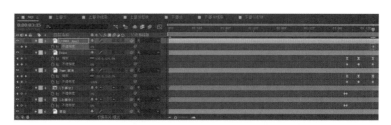

图7-168　设置属性值并插入关键帧

35. 将"时间指示器"移至3秒20帧的位置，设置该图层的"不透明度"属性值为20%，效果如图7-169所示。完成该欢迎界面动效的制作，"时间轴"面板如图7-170所示。

图 7-169　设置属性值效果

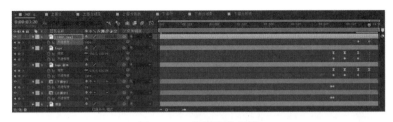

图 7-170　"时间轴"面板

36. 单击"预览"面板上的"播放 / 停止"按钮 ▶，可以在"合成"窗口中预览动效。也可以根据前面介绍的渲染输出方法，将该动效渲染输出为视频文件，再使用 Photoshop 将其输出为 GIF 格式的动效图片，效果如图 7-171 所示。

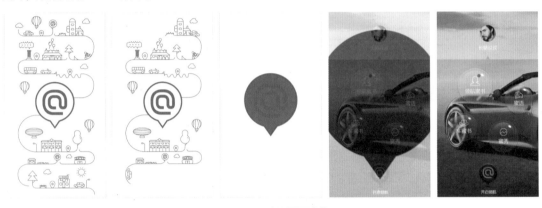

图 7-171　欢迎界面动效

7.5　本章小结

UI 中各种各样的交互动效非常多，但很多动效无非是多种基础动效的组合，在本章中通过多个 UI 交互动效的制作练习，希望读者掌握 UI 动效的制作方法和技巧，并能够举一反三，制作出更多更精美的动效。

7.6　课后测试

完成本章内容学习后，接下来通过创新题，检测一下读者对 UI 动效相关内容的学习效果，同时加深读者对所学的知识的理解。

创新题

根据从本章所学习和了解到的知识，设计制作一个 App 引导界面动效，具体要求和规范如下。

● 内容 / 题材 / 形式

App 引导界面动效。

● 设计要求

观察常见的引导界面动效表现形式，综合运用基础属性动画制作出一个 App 引导界面动效。